印紡工業

歷代紡織與印染工藝

蒲永平 編著

崧燁文化

目錄

序 言 印紡工業

印紡濫觴 上古時期

先秦印染原料與印染技術 8

先秦時期主要紡織原料 15

先秦時期的紡織原料加工 23

先秦楚國的絲織和刺繡 28

初顯風格 中古時期

秦漢時期的紡織技術 36

秦漢時期的染織技術 42

魏晉南北朝印染技術 48

隋代的染織工藝技術 55

唐代精美的絲織工藝 60

唐代印染與刺繡工藝 67

錦上添花 近古時期

宋代紡織技術水平 76

宋代彩印與刺繡工藝 84

元代回族織金技術 91

元代烏泥涇棉紡技藝 97

印紡工業：歷代紡織與印染工藝

目錄

錦繡時代 近世時期

明代紡織印染工藝 ⸺⸺⸺⸺⸺⸺ 104

清代絲織雲錦工藝 ⸺⸺⸺⸺⸺⸺ 110

清代棉紡毛紡工藝 ⸺⸺⸺⸺⸺⸺ 117

明清時期的蘇繡 ⸺⸺⸺⸺⸺⸺ 124

明清時期的湘繡 ⸺⸺⸺⸺⸺⸺ 129

明清時期的粵繡 ⸺⸺⸺⸺⸺⸺ 135

明清時期的蜀繡 ⸺⸺⸺⸺⸺⸺ 140

序言 印紡工業

　　文化是民族的血脈，是人民的精神家園。

　　文化是立國之根，最終體現在文化的發展繁榮。博大精深的中華優秀傳統文化是我們在世界文化激盪中站穩腳跟的根基。中華文化源遠流長，積澱著中華民族最深層的精神追求，代表著中華民族獨特的精神標識，為中華民族生生不息、發展壯大提供了豐厚滋養。我們要認識中華文化的獨特創造、價值理念、鮮明特色，增強文化自信和價值自信。

　　面對世界各國形形色色的文化現象，面對各種眼花繚亂的現代傳媒，要堅持文化自信，古為今用、洋為中用、推陳出新，有鑑別地加以對待，有揚棄地予以繼承，傳承和昇華中華優秀傳統文化，增強國家文化軟實力。

　　浩浩歷史長河，熊熊文明薪火，中華文化源遠流長，滾滾黃河、滔滔長江，是最直接源頭，這兩大文化浪濤經過千百年沖刷洗禮和不斷交流、融合以及沉澱，最終形成了求同存異、兼收並蓄的輝煌燦爛的中華文明，也是世界上唯一綿延不絕而從沒中斷的古老文化，並始終充滿了生機與活力。

　　中華文化曾是東方文化搖籃，也是推動世界文明不斷前行的動力之一。早在五百年前，中華文化的四大發明催生了歐洲文藝復興運動和地理大發現。中國四大發明先後傳到西方，對於促進西方工業社會發展和形成，曾造成了重要作用。

　　中華文化的力量，已經深深熔鑄到我們的生命力、創造力和凝聚力中，是我們民族的基因。中華民族的精神，也已

印紡工業：歷代紡織與印染工藝

序 言 印紡工業

深深植根於綿延數千年的優秀文化傳統之中，是我們的精神家園。

總之，中華文化博大精深，是中華各族人民五千年來創造、傳承下來的物質文明和精神文明的總和，其內容包羅萬象，浩若星漢，具有很強文化縱深，蘊含豐富寶藏。我們要實現中華文化偉大復興，首先要站在傳統文化前沿，薪火相傳，一脈相承，弘揚和發展五千年來優秀的、光明的、先進的、科學的、文明的和自豪的文化現象，融合古今中外一切文化精華，構建具有中華文化特色的現代民族文化，向世界和未來展示中華民族的文化力量、文化價值、文化形態與文化風采。

為此，在有關專家指導下，我們收集整理了大量古今資料和最新研究成果，特別編撰了本套大型書系。主要包括獨具特色的語言文字、浩如煙海的文化典籍、名揚世界的科技工藝、異彩紛呈的文學藝術、充滿智慧的中國哲學、完備而深刻的倫理道德、古風古韻的建築遺存、深具內涵的自然名勝、悠久傳承的歷史文明，還有各具特色又相互交融的地域文化和民族文化等，充分顯示了中華民族厚重文化底蘊和強大民族凝聚力，具有極強系統性、廣博性和規模性。

本套書系的特點是全景展現，縱橫捭闔，內容採取講故事的方式進行敘述，語言通俗，明白曉暢，圖文並茂，形象直觀，古風古韻，格調高雅，具有很強的可讀性、欣賞性、知識性和延伸性，能夠讓廣大讀者全面觸摸和感受中華文化的豐富內涵。

肖東發

印紡濫觴 上古時期

　　上古時期一般指夏、商、周三代，直至秦王朝的建立，因此這一時期又叫先秦時期。這一時期，中國的紡織、印染技術均取得了較大進步，它是中國古代紡織史的重要組成部分。

　　先秦時期的印染與紡織工藝，是中國紡織業的濫觴期。中國古代勞動人民在生產、生活實踐中不斷探索，逐步發現了用於印染和紡織的材料，創造性地開發和利用這些材料，掌握了印染工藝技術和染色工藝技術。對中國古代紡織的發展產生了重大的影響。

▌先秦印染原料與印染技術

■古代綠地染纈絹

中國古代用於給織物著色的材料概括起來有天然礦物顏料和植物染料兩大類。礦物顏料即是無機顏料，是無機物的一類，屬於無機性質的有色顏料。植物染料是指利用自然界之花、草、樹木、莖、葉、果實、種子、皮、根提取色素作為染料。

中國很早就利用礦物顏料和植物染料對紡織物或紗線進行染色，並且在長期的生產實踐活動中，總結掌握了各類染料的製取、染色等工藝技術，生產出五彩繽紛的紡織品，豐富了古人的物質生活。

中國在服裝上著色的歷史就是從礦物顏料的利用開始的，其淵源可追溯至新石器時代的晚期。而自此以後的各個時期，由於它們不斷地被人們所採用，終於發展成歷代以彩繪為特點的特殊衣著上色所需的原材料。

先秦時期礦物顏料的品種主要有赭石、硃砂、石黃、空青、鉛白等，分屬紅、黃、綠、藍色系。

赭石主要成分是呈暗紅色的三氧化二鐵，在自然界中分佈較廣，是中國古代應用最早的一種紅色礦物顏料。

一九六三年，在發掘江蘇省邳縣四戶鎮大墩子四千多年前的文化遺址時，出土了四塊赭石，其上有明顯的研磨痕跡，說明當時中國已開始利用礦物顏料了。

至春秋戰國時，赭石由於色澤遜於其他紅色染料，逐漸被淘汰，但仍被用來做監獄囚衣的專用顏料。後來「赭衣」成為囚犯的同義詞。

硃砂又名丹砂，主要成分是紅色硫化汞，屬輝閃礦類，在湖南、湖北、貴州、雲南、四川等地都有出產，是古代重要的礦物顏料。

中國利用硃砂的歷史很早，在青海樂都柳灣原始社會時期墓葬中曾發現大量硃砂，在北京琉璃河西周早期墓葬、寶雞茹家莊西周墓中，也都發現過有硃砂塗抹痕跡的織物殘片。

硃砂的色澤比赭石鮮豔，色牢度又好。在製作硃砂的過程中，會出現多種紅色，上層發黃，下層發暗，中間的朱紅色彩最好。

石黃分雌黃和雄黃，用於顏料的多為雄黃，化學成分為三硫化二砷，其顏色為橙黃色，半透明，是天然的黃色染料。石黃是紅光黃，色相豐滿純正，色牢度好。陝西寶雞茹家莊出土的西周刺繡印痕上有石黃顏料的遺殘。

印紡工業：歷代紡織與印染工藝

印紡濫觴 上古時期

空青作為礦石是有名的孔雀石，作為顏料又名「石綠」，是含有結晶水的鹼式碳酸銅，結構疏鬆，研磨容易，色澤翠綠，色光穩定，耐大氣作用性能好，是很重要的礦物質。

另一種鹼式碳酸銅礦石是藍銅礦，又名「石青」、「大青」、「扁青」，可作為藍色礦物顏料。

鉛白又名「胡粉」、「粉錫」，成分為鹼式碳酸鉛。蜃灰也是傳統的白色塗料，可用於織物或其他器物的塗料。

植物染料和礦物顏料雖然都是設色的色料，但它們的作用卻是很不相同的。以礦物顏料著色是透過黏合劑使之黏附於織物的表面，其本身雖具備特定的顏色，卻不能和染色相比，所著之色也經不住水洗，遇水即行脫落。

植物染料則不然，在染製時，其色素分子由於化學吸附作用，能與織物纖維親合，從而改變纖維的色彩，雖經日曬水洗，均不脫落或很少脫落，故謂之曰「染料」，而不謂之「顏料」。

利用植物染料，是中國古代染色工藝的主流。自周以來的各個時期生產和消費的植物染料數量相當大，其採集、製備和使用方法，值得稱道之處也極多。

春秋戰國時期，中國的草染技術已經相當成熟。從染草的品種、採集、草染染色工藝、媒染劑的使用，都形成了一套管理制度。

古代使用過的植物染料種類很多，單是文獻記載的就有數十種，現在我們僅就幾種比較重要的常用染料談一談。

藍草，一年生草本，學名蓼藍。它莖葉含有靛苷，這種物質經水解發酵之後，能產生靛白，當靛白經日曬、空氣氧化後縮合成有染色功能的靛藍。在古代使用過的諸種植物染料中，它是應用最早，使用最多的。

中國利用藍草染色的歷史，據記載，中國夏代已經種植藍草了。至春秋戰國時期，採用發酵法還原藍靛，這就可以用預先製成的藍泥染出青色來。荀況的《荀子·勸學》篇有「青取之於藍而青於藍」的說法。

藍靛製作方法是把藍草葉浸入水中發酵，藍苷水解溶出，即成吲哚酚，再在空氣中氧化沉澱縮合成靛藍泥，即可貯之待用。靛藍染布色澤濃豔，牢度好，一直流傳至今。

茜草，又名「茹蘆」和「茅搜」，是中國古代長期使用的植物染料。戰國以前是野生植物。《詩經》記載：「茹蘆在阪」、「縞衣茹蘆」，前者是說它生長在山坡上，後者是說它的染色。

茜草是一種多年生攀緣草本植物，春秋兩季皆能收採。收採後曬乾儲藏，染色時可切成碎片，以熱水煮用。

茜草屬於媒染染料，所含色素的主要成分為茜素和紫素。如直接用以染製，只能染得淺黃色的植物本色，而加入媒染劑則可染得多種紅色調。

出土文物證明，古代所用媒染劑大多是含有鋁離子較多的明礬。這是因為明礬水解後產生的氫氧化鋁和茜素反應，能生成色澤鮮豔、具有良好附著性的紅色沉澱。

印紡工業：歷代紡織與印染工藝

印紡濫觴 上古時期

在長沙馬王堆漢墓出土的「深紅絹」和「長壽繡袍」的紅色底色，經化驗即是用茜素和媒染劑明礬多次浸染而成。

紫草在《爾雅》中稱為「茈草」。它屬於紫草科，是多年生草本植物，八月至九月莖葉枯萎時採掘，紫草根斷面呈紫紅色，含紫色結晶物質乙醯紫草寧，可作為紫色染料。紫草寧和茜素相似，不加媒染劑，絲毛麻纖維均不著色，加椿木灰、明礬媒染，可染得紫紅色。

荩草莖葉中含黃色素，主要成分是荩草素，是黃酮類媒染染料，可直接染絲纖維，以銅鹽為媒染劑可得鮮豔的綠色。

除上述植物外，古代還以狼尾草、鼠尾草、五倍子等含有鞣質的植物作為染黑的主要材料。

中國的染色技術起源很早，《詩經》中有不少記述當時人們採集染料染色，以及描繪所染織物色彩美麗的詩篇。

《小雅·采綠》的譯文是：從早到晚去採藍，採得藍草不滿裳。從早到晚去採綠，採得綠草不滿掬。

《豳風·七月》的譯文是：

七月裡伯勞鳥兒叫得歡，八月裡績麻更要忙。染出的絲綢有黑也有黃，朱紅色兒更漂亮，給那闊少爺做衣裳。

《鄭風·出其東門》的譯文是：東門外的少女似白雲，白雲也不能勾動我的心，身著白綢衣和綠佩巾的姑娘呀，只有你才使我鍾情。甕城外的少女像白茅花，白茅花再好我也不愛她。那身穿白綢衫和紅裙子的姑娘呀，只有和你在一起我才快樂。

將採集的植物染料變為各種豔麗的色彩，《詩經》中描繪當時織物的顏色，真可謂五彩繽紛！

　　《詩經》和同時期其他文獻中出現眾多的色彩名稱，表明中國一直延續使用了兩千多年的多次浸染、套染、媒染工藝是從這個時期迅速發展普及起來的。

　　多次浸染法是根據織物染色的深淺要求，將織物反覆多次地浸泡在同一種染液中著色。常見的為靛藍的染色，每染一次色澤加深些。用茜草及紫草染色時，也是一樣，再染一次，色澤也變化一次。

　　套染法的工藝原理和多次浸染法基本相同，也是多次浸染織物。只不過是浸入兩種以上不同的染液中，以獲得各種色彩的中間色。

　　如染紅之後再用藍色套染就會染成紫色，先以靛藍染色之後再用黃色染料套染，就會得出綠色；染了黃色以後再以紅色套染就會出現橙色。

　　《詩經》對當時染色情況描述，還說明中國遠在三千多年前已獲得染紅、黃、藍三色的植物染料，並能利用紅、黃、藍三原色套染出五光十色的色彩來。

　　《淮南子》記載：染者先青而後黑則可，先黑而後青則不可。另外當時的人們也已知道，青與黃可合為綠色，但以藤黃合靛青則為綠，即用不同的青色與黃色染料，合成的綠色也不相同。

　　媒染染色已成為先秦時期的植物染色中最為主要的內容。

印紡工業：歷代紡織與印染工藝

印紡濫觴 上古時期

　　媒染法是借助某種媒介物質使染料中的色素附著在織物上。

　　這是因為媒染染料的分子結構與其他各種染料不同，不能直接使用，必須經媒染劑處理後，方能在織物上沉澱出不溶性的有色沉澱。

　　媒染染料的這一特殊性質，不僅適用於染各種纖維，而且在利用不同的媒染劑後，同一種染料還可染出不同顏色。

　　比如藍草中所含的藍苷水解溶出，即成引哚酚，在空氣中氧化縮合成靛藍。

　　先秦時採用的是鮮葉發酵染色法，將藍草葉和織物糅在一起，藍草的葉子被揉碎，液汁就浸透織物；或者把布帛浸在藍草葉發酵後澄清的溶液裡，然後晾在空氣中，使引哚酚轉化為靛藍。

　　可見先秦時期藍草的染色工藝已經相當成熟，掌握了透過多次染色得到深色的工藝。

　　媒染染料較之其他染料的上色率、耐光性、耐酸鹼性以及上色牢度要好得多，它的染色過程也比其他染法複雜。媒染劑如稍微使用不當，染出的色澤就會大大地偏離原定標準，而且難以改染。必須正確地使用，才能達到目的。

　　總之，先秦時期的印染原料和印染工藝，都是從染工們長期的生產實踐中總結出來的知識，為中國古代印染技術的發展奠定了基礎。

閱讀連結

中國的染色技術早在兩三千年前就已具備了很高的水平，並且已有了專門從事染色的染匠。

據古書記載，西周武王去世後，周公遂以塚宰的身分輔佐周成王，攝政七年以後，周成王年長，周公於是歸政周成王。

周公在攝政時，設置了許多國家機關來處理全國的政事，舊稱「六官」，即天官、地官、春官、夏官、秋官和冬官。

在天官下設有一個叫「染人」的官職，專門負責給物品染色；在地官下設有一個叫「掌染草」的官職，專管染料的徵集和加工。

先秦時期主要紡織原料

■天然彩色蠶絲

印紡工業：歷代紡織與印染工藝

印紡濫觴 上古時期

　　世界各國紡織的發展，都是先從野生纖維的利用開始的，中國也是這樣。先秦時期用於紡織的纖維原料可分為植物纖維和動物纖維兩大類。先秦時期最初採用的都是野生的動、植物纖維，後來人們經過長期實踐，開始種植植物、飼養動物，以此來獲取紡織纖維。

　　其中，植物纖維大多為葛、麻等韌皮類植物纖維。由於葛纖維吸濕散熱性較好，織物特別適宜做夏季服裝，因而成為先秦時期紡織的重要原料之一。動物纖維是一些野生動物的毛、絲等加工成的纖維，這類織物質地鬆軟，保暖性好，故也成為先秦時期紡織的重要原料。

　　先秦時期的植物纖維和動物纖維主要為葛、麻、毛、絲等。其中麻纖維中的苧麻是中國特有的，在國內外享有盛譽，被譽為「中國草」；蠶絲的發現與使用，是中國對世界文明作出的傑出的貢獻之一。

　　葛是一種蔓生植物，又名葛藤，有塊根，有小葉三片，夏季開紫色蝴蝶花。多生長在丘陵地帶，在中國很多地區都有分佈，是中國古代最早採用的紡織原料之一。

　　早在舊石器時代，人們已經開始利用葛。經過長期的生產、生活實踐，人們從最初食用葛根塊，到用其籐條捆紮東西，逐漸掌握了分離葛纖維並加以利用的方法。

　　一九七二年，在江蘇省草鞋山新石器時代遺址中出土了三塊織物殘片，據上海紡織科學研究院分析，就是用葛纖維製成的。由此可以推測至遲在新石器時代晚期，人們已經利用葛纖維來生產織物。

中國古代文獻中關於葛的記載是很多的。《詩經》中涉及葛的種植和紡織的就有幾十處。《越絕書·越絕外傳記越地傳》中有吳越時期種葛的記載：

葛山者，勾踐罷吳，種葛，使越女織葛布，獻於吳王夫差。

明確記載了葛的人工種植。據記載，周代專門設立了「掌葛」的官吏，來掌管葛類纖維的種植和紡織。這些都說明最遲至周時，人們已經非常熟練地掌握了葛的使用技術。

古籍中說道：「刈取之，於是漫煮之，煮製已迄，乃緝績之，為編為絡。」意思是將葛藤割下以後放在熱水中煮爛，然後在流水中清洗乾淨，提取其纖維後成紗，用於織布。

麻纖維是先秦時期用來紡織的植物纖維中用得最多的。該時期主要的麻纖維是苧麻、大麻、苘麻。

苧麻是蕁麻科雌雄同株的多年生草本植物，喜歡生長在比較溫暖和雨量充沛的山坡、陰濕地等處，多分佈在南方各地和黃河流域的中下游地區，莖皮中含有百分之七十至百分之八十的纖維量。

苧麻莖皮纖維潔白細長，柔而韌，具有較強的吸濕、透氣性，是中國古代特有的纖維，被稱之為「中國草」。河姆渡出土的一部分草繩就是用苧麻製成的，同時還有完整的苧麻葉出土。

一九八五年，錢山漾遺址出土了一些苧麻織物殘片，表明中國四五千年前已經開始使用苧麻。

印紡工業：歷代紡織與印染工藝

印紡濫觴 上古時期

在《禹貢》、《周禮》、《詩經》、《禮記》、《左傳》、《戰國策》等有關先秦時期的古籍中，都有許多關於苧麻的記載。這些都表明，苧麻是中國先秦時期主要的紡織原料。

大麻又稱「火麻」、「疏麻」，是屬於桑科雌雄異株的一年生草本植物，雌株花序呈球狀或短穗狀，雄株花序呈複總狀，雄株麻莖細長，成熟較早，韌皮纖維質量好。大麻分佈在中國絕大部分地區，其利用也是很早的。

河南省鄭州大河村新石器時代遺址中出土的大麻種子，甘肅省東鄉林家西元前三千年左右馬家窰文化遺址出土的雌麻種子，都證明當時可能已經開始人工種植大麻。

大麻的人工種植在先秦時期已經相當普遍，周代時還專門設立了「典枲」部門掌管大麻的生產。在《詩經·豳風·鴟鴞》中有「丘中有麻」的記載，可知當時麻的種植是縱橫成行的。

《詩經》、《禹貢》、《周禮》等書中將大麻雌株稱為「苴」、「莩」，雄株稱為「枲」、「牡麻」，質量較差的雌株纖維織較粗的布，質量較好的雄株纖維織較細的布。由此可知當時對大麻的雌雄異株現象、雌雄纖維的紡織性能都有了較深的認識。

苘麻是一年生草本植物，莖皮多纖維，也是先秦時期常用的紡織原料，在中國大部分地區都有生產。苘麻纖維的紡織性能不佳，主要用來製作繩索或喪服。

上述各類麻纖維中，以苧麻的質量最好。苧麻纖維細長、堅韌、平滑、潔白有光澤，有良好的抗濕、耐腐、散熱性。在以後各個時期，都被不斷應用在紡織生產中。

先秦時期，除了葛、麻纖維外，還有其他一些植物纖維也常常被利用，如楮、薜等。楮又叫「榖」，是一種落葉喬木，楮皮纖維細而柔軟，堅韌有拉力，在周代廣泛種植。薜又叫「山麻」，周代可能用過，但還沒有確切的記載。

動物毛纖維，也是先秦時期重要的紡織原料之一。中國利用毛纖維紡織的歷史和利用各種植物纖維的歷史一樣悠久，可以追溯至新石器時代。

由於毛纖維易腐爛，在地下難以長久保存，因此早期的毛紡實物出土不多，而且出土地點也都集中在比較乾燥的地方。

一九五七年，在青海柴達木盆地南端，發掘和收集了西周初期的毛織品，以平紋居多，有黃褐和紅黃兩色相間的條紋織品，也有未染色的素織品，織物表面覆蓋著經紗，細密光滑，保暖防風。

同時出土的還有一塊毛織物，捻度小，經緯密小，質地鬆軟，保暖性好。

一九七九年，在新疆哈密一個商代墓葬裡，發現了一批毛織物和毛氈。在距今三千八百年的新疆羅布泊古墓溝和羅布泊北端鐵扳河墓葬中出土了山羊毛、駱駝毛、牦牛毛織品及毛氈帽。

這些出土實物表明，中國早在距今四千年前就已經掌握了毛紡織技術，至商周時期毛紡織技術已達到一定水平。

有關毛纖維的利用在先秦文獻中也有很多記述。《詩經·王風》中有「毳毛如菼，毳毛如璊」的記載，說的是用染過

印紡工業：歷代紡織與印染工藝

印紡濫觴 上古時期

顏色的獸毛織物做成衣服，就像碧綠的荻草和鮮紅的美玉一樣漂亮。

先秦時期選用的毛纖維種類比較多，凡是能夠得到的各種野獸和家畜的毛，都在選用之列。後來經過長期實踐，才選出羊毛等少數幾種毛纖維為主。

中國桑蠶絲綢生產的歷史非常悠久，但在商代以前沒有文字記載，只是後世留下一些神話和傳說，有盤古、伏羲、女媧、神農、黃帝以及其妻嫘祖、蚩尤、舜等。

神話傳說不是信史，桑蠶絲綢起源的可靠證據還是來自對甲骨文上蠶桑文字的分析以及考古發現。

在河南安陽殷墟出土的甲骨文中，有許多「蠶」和「桑」的象形字。蠶和桑字主要出現在殷墟卜辭中祭祀蠶神，卜辭是祈禱農業和蠶桑業豐收的祭祀記錄，也是蠶桑業和人們休戚相關的證明。

從甲骨文中的「蠶」字和「桑」字可知，商代的蠶絲業發展已經很好了。

除了甲骨文中的桑蠶文字，還有許多先秦時的桑蠶絲綢物出土。

一九二六年，在山西省夏縣西陰村新石器時代遺址，發現了半個經人工切開的繭，繭長一點三六釐米，寬〇點七一釐米。經鑒定為蠶的繭。

一九五八年，在浙江吳興錢山漾新石器時代遺址中，出土了一批四千七百年前的絲織品。它們是在中國長江流域發現最早、最完整的絲織品。

絲帛中有未炭化但呈黃褐色的絹片，長二點四釐米，寬一釐米，還有雖已炭化但仍有一定韌性的絲帶、絲繩等。

一九七七年，在浙江省餘姚羅江河姆渡發掘的距今六千九百年的新石器遺址中，出土了刻有蠶紋的象牙盅。

一九八四年，在河南省滎陽青臺村仰韶文化遺址出土了距今五千五百年的絲織物殘片，這是中國北方黃河流域迄今發現最早的絲織品實物。

從出土文物來看，中國先民早在六千多年前就對蠶的許多特點有了較深的認識，甚至可以加以利用，絲綢技術已經相當成熟。

蠶有桑蠶、柞蠶之分。桑蠶食桑樹葉，故名「桑蠶」；柞蠶食柞樹葉，故稱「柞蠶」。所謂蠶絲就是由蠶體內一對排絲腺分泌出來的膠狀凝固物。主要有兩種：一為桑蠶絲；一為柞蠶絲。

桑蠶絲指桑蠶在化桶前結繭時吐的絲，大都呈白色，光澤良好，手感柔軟，供紡織絲綢用；柞蠶絲是指柞蠶吐的絲，原為褐色，繰成絲後呈淡黃色。柞蠶絲較桑蠶絲粗，不易漂染，常用於織柞蠶絲綢。

蠶絲以其強韌、纖細、光滑、柔軟、有光澤、耐酸等許多優點在眾多的紡織原料中獨樹一幟，享有盛譽。它是中國古代對世界文明的主要貢獻之一。

閱讀連結

　　古籍《漢唐地理書鈔》、《搜神記》中都記載了馬頭娘娘的傳說。

　　講的是蜀地一位姑娘的父親為人所掠，其妻念夫心切，許願說誰能馬上將丈夫找回，就將女兒許配給誰。

　　她家的馬聞言後脫韁而起，很快就將姑娘的父親找回家。後來馬見了姑娘就咆哮不止，男主人就將馬殺了，將馬皮曬於門外。

　　有一天，姑娘在外玩耍，忽然颳起一陣狂風，馬皮便捲了姑娘飛上天空。

　　十天後，那姑娘裹著馬皮，落在大樹上變成蠶吐絲作繭，後人即稱蠶為「馬頭娘娘」。

先秦時期的紡織原料加工

■古代紡織機

先秦時期的紡織原料加工過程是中國紡織科技史的重要組成部分。這一時期的紡織加工經過夏、商、周時期的發展，已經取得很大進步，並形成了一定的規模。

先秦時期的紡織技術，從最初的用手搓、績、編結到發明紡織機具，逐步掌握了紡墜紡紗、紡車紡紗、織機織造以及繅絲、染色等工藝技術。

商周時期，各諸侯國大力發展紡織生產，紡織的社會性質已經充分顯現。從商代開始，一些紡織品開始進入市場流通，並且開始向國外傳播，為東西方文化的交流做出了貢獻。

紡織是對紡織原料的加工，葛藤和大麻、苧麻的纖維，是中國古代重要的紡織原料之一。先秦時期對於紡織原料的加工織造以及織物的分類和命名也很細緻，如織做精細的葛布稱為「絺」，粗糙的葛布稱為「綌」，絡之細者稱為「緆」。

印紡工業：歷代紡織與印染工藝

印紡濫觴 上古時期

人們最初使用葛，只是揭取葛藤的韌皮直接加以利用，並不知道葛纖維之間含有膠質，故使用起來脆而易斷。後來發現倒伏在水中的葛藤纖維較為鬆散，使用起來柔軟又具有韌性。

以後在長期的生活實踐中，又逐漸掌握了用熱水浸煮葛藤提取纖維的方法。

用現在的科學角度看，這種浸煮葛藤的勞動，實際上就是在對葛纖維進行半脫膠。葛纖維比較短，如果完全脫膠，則纖維呈單纖維分散狀態，紡紗價值不高，採用煮的方法對其進行半脫膠，作用比較均勻，也易於控制脫膠的程度。

麻類植物枝莖表面的韌皮是由纖維素、木質素、果膠質及其他一些雜質組成，如想較好地利用麻類植物紡織，就不僅需要取得它的韌皮層，而且必須去除其中的膠質和雜質，將其中的可紡纖維分離並提取出來。

這種分離和提取麻纖維的過程即現代紡織工藝中所說的「脫膠」。先秦時期提取麻纖維主要有直接剝取法和漚漬法。

直接剝取法即用手或石器剝落麻類植物枝莖的表皮，揭取出韌皮纖維，粗略整理，不脫膠，直接利用。這種方法在新石器時期曾廣泛使用。

河姆渡遺址出土的部分繩頭，經顯微鏡觀察，發現所用麻纖維均呈片狀，沒有脫膠痕跡，說明就是這樣製取的。

漚漬法也叫「自然脫膠法」。人們在長期的實踐中，發現低窪潮濕處自然腐爛的麻纖維，比較容易剝取，而且纖維呈束狀。以後人們便開始採用此種人工浸漬脫膠的方法。

對麻纖維進行脫膠的歷史，可追溯至新石器時代。如浙江省錢山漾新石器時代遺址中出土的苧麻纖維，在顯微鏡下觀察，就有明顯的脫膠痕跡。

有關漚漬脫膠法的記載，最早見於《詩經陳風》記載：「東門之池，可以漚麻」、「東門之池，可以漚苧。」漚麻和漚苧是有一定科學道理的方法。

在日光照射下，流速緩慢的池水，溫度較高，水中微生物的數量可以迅速增加。它們在生長繁殖過程中，需吸收大量漚在水中麻植物的膠質，作為自己的營養物質，這在客觀上起了脫膠作用。

《詩經》中還將苧、大麻的漚漬分開描述，可見當時已掌握了不同纖維的浸漬時間和脫膠方法。

至戰國以後，人們對漚漬季節、漚漬用水及漚漬時間，都作了許多科學總結。

先秦時期對毛纖維的加工，未見文獻記載。但從一些出土實物來看，該時期對毛纖維已經掌握了一定的加工工序。

《禹貢》中記載，夏禹時代地處西北和北方的兄弟民族用毛紡織品與中原地區的生活用品進行交換。至周代，中原一帶毛紡織生產比較盛行。人們開始用天然染料將毛織品染出各種顏色，同時中原先進的染色技術也逐漸傳播到邊遠的地區。

關於獸皮的加工，中國古代很早就摸索出了一些製革技術。生獸皮未經熟化時皮板脆硬，不便製作衣服。原始的熟皮方法就是把大張牛羊皮在水中浸泡和用硝來熟化；而兔、

狗、貓等小動物的皮板較薄，可用穀糠、玉米麵粉和酒等物熟化。

春秋戰國時期，皮革加工技術已有很大的提高。

先秦時期的紡織技術，從最初的用手搓、績、編結到發明紡織機具，逐步掌握了紡墜紡紗、紡車紡紗、織機織造以及繅絲、染色等工藝技術。

人們從矇昧時代就掌握了搓合技術，從山西省大同許家窯發現了十萬多年前的光滑的石球。據考古學家分析，這些石球是遠古時代人們「投石索」用的，就是用繩子或皮條、藤蔓編結成附有長帶的網兜，把石球裝在網兜裡，然後借助慣性拋投出去，從而獵獲野獸。

由此推測當時的人們已經具備了搓繩的能力。

在新石器時代，人們發明了一種雖然簡單卻很實用的紡紗工具紡墜。紡墜是目前為止所發現的世界上最早的紡紗工具。

至商周時期，絲綢業已具有一定的生產規模，也有較高的織造技術，絲織手工業發展得很快，生產絲織物的地區也大為增加。

當時的繅絲技術，就是將蠶絲從蠶繭中疏解分離出來，從而形成長絲狀的束纖維。從出土的商代甲骨文中可以看到許多有關繅絲的象形文字，先秦文獻中也有許多關於繅絲的記載，這些都說明中國的繅絲技術在商代已經比較成熟了。

在西周時期紡織生產已是社會生產的主要形式之一，並且成為朝廷賦稅的主要來源之一，家庭手工業紡織生產已在社會經濟中佔有比較重要的地位。

隨著絲織技術的提高和絲綢產量的大幅度增加，絲綢產品除了滿足貴族的日常需要外，還作為商品進入市場流通，使絲綢貿易日趨興盛。社會生產力得到了很大發展，紡織生產當然也有極大的進步。

發展紡織業成了春秋戰國時期各國富國強民、發展經濟的重要國策，紡織業中的絲織生產也取得了很大發展。

閱讀連結

據《周禮》記載，西周初期，朝廷對紡織手工業者設置專門機構和官吏進行管理，從紡、織至印染和服飾製造，都有專門機構和官吏管理，其分工比商代更細緻。

西周設有「典婦功」，是管理絲綢生產的紡織官員，按照規定法式，把材料發給宮中婦女，從事紡織，並核定各人工作的成績優劣。還設有掌管王宮內縫紉之事的「縫人」、負責鑒定絲的質量的典絲、掌染絲帛等事的染人等工匠，以及設有掌葛、掌染草等職。

▌先秦楚國的絲織和刺繡

■楚國龍紋織錦緞

　　中國傳統的絲織工藝，在世界上獨樹一幟，並享有盛譽。楚國所出土的絲織品，則為中國上古絲織先進工藝的代表作。

　　楚國的絲織、刺繡產品，色澤鮮豔，製作精細。兩週時期，楚國向朝廷進貢，其中有彩色絲綢和用絲帶串著的珍珠，還要用竹筐包裝。楚國頗具特色的絲織品，體現了先秦時期紡織技術的最高水平。

　　春秋時期，隨著絲織業的逐漸興旺發展，絲織品的用途和使用範圍日益擴大。貴族大都追求華麗的絲織服飾。

　　楚莊王所喜愛的馬身披文繡，即把刺繡的絲織品披到了馬的身上。楚共王時，曾以絲帶綴連甲片，稱之為「組甲」，

用以武裝其伐吳的精銳部隊。楚國生產的絲織品不僅多為楚人所享用，還賣到晉國等地。

戰國時代，楚國的絲織業大盛，工藝精湛，所出土的絲織物居全國之冠。

一九五七年，長沙左家塘楚墓出土的絹、縐紗、錦等絲織品，保存較好，色彩絢麗。

尤其重要的是，一九八二年發掘的江陵馬山楚墓，出土絲織衣物三十八件，絲綢片四百五十二片，既多且精，品種齊全，色澤鮮豔，被譽為「絲綢寶庫」。

楚國的絲織品名目繁多，這在屈原和宋玉的辭賦作品中，以及楚墓的遣策上多有記載。就出土實物而言，主要有絹、綈、紗、羅、錦、絛等種類。其中絹的用量最大，用途最廣，衣衾、帽、繡底、帛書、帛畫多使用絹。

絹、綈、紗都屬於平紋絲織，雖然是一種較普通的工藝，但在勇於創新的楚人那裡，卻不乏獨到之處。曾侯乙墓出土的五塊絲麻交織物，經線為絲、麻線相間，緯線全用絲線，開中國絲麻交織物的先河。

羅是一種絞經絲織物，馬山楚墓出土的羅為四經絞羅，經緯線均加強捻，網狀孔近似六邊形，結構複雜，質地輕薄如蟬翼，頗為珍貴。

錦和絛都屬於精巧的提花織物，是一種極為華麗的絲織物，最能反映絲織技藝水平。在出土的絲織品中，錦佔有重要的地位。

印紡濫觴 上古時期

　　楚錦為平紋重經提花結構。從經線的顏色來看，有二色錦和三色錦兩大類，對絲織技藝要求都很高。

　　二色錦，以兩根不同顏色的經線為一組，一根作為裡經，一根作為表經起花，兩線雖有時相互交換，但不能滿足某些圖案對色彩的更多的需要。

　　左家塘楚墓出土的褐地雙色方格紋錦、馬山楚墓出土的小菱形紋錦以及十字菱形紋錦均屬於二色錦，前兩個品種與後一個品種分別使用了掛經和兩色緯線顯花的新技術，用以補充某些圖案對色彩的更多的需要。

　　三色錦，以一根做裡經，兩根做表經起花，加上互相交換，能滿足一些圖案對色彩的較多需要。三色線的織品比較緊要、厚實，二色錦比三色錦稀疏、輕薄，兩類錦各有所用，不可偏廢。

　　絛是衣物裝飾性的窄頻織物，多為緯線提花，也有與織錦相同而經線提花的。左家塘楚墓出土的朱絛暗花對鳳龍紋錦、馬山楚墓出土的彩絛起花鳳鳥梟幾何紋錦、舞人動物紋錦等構圖複雜，用工精緻，都屬於錦絛等精巧花紋織物的精品。

　　楚人還有針織絛。長沙五里牌楚墓出土的針織絛，是中國所見年代最早的針織品，表明楚人最早使用了針織工藝。

　　中國所見最早的一根鋼針出土於湖北省荊門包山楚墓。曾為楚國蘭陵縣令的荀子所作的《針賦》，歌頌鋼針功業甚博，其中「日夜合離，以為文章」，講的就是使用鋼針繡製花紋，即所謂「刺繡」。

手工刺繡，沒有織機的約束，構圖設計比較自由，使用色線不受限制，刺針走線易於變化，不是織錦勝似織錦。這種絲繡產品比彩錦更為華貴，多為上流社會的奢侈品。

這種刺繡在長沙、江陵、荊門等地的少數楚墓中有所發現，其中馬山楚墓中出土刺繡物品達二十餘件。

楚人刺繡一般都使用鎖繡針法，即用繡線組成各種鏈式圈套來刺繡花紋圖案。這種針法一直流行至漢代。此外，還有釘線繡，即按圖案的需要，用細線把粗線釘固在繡地上的一種新針法，比較少見。

江陵望山楚墓出土的石字紋錦繡，把一道道波浪形的深棕色雙股繡線釘在錦面石字紋上，採用的就是釘線繡。這是中國所見最早使用釘線繡的繡品。同時，這也是難得一見的真正的「錦上添花」，楚簡稱之為「錦繡」。

楚人的刺繡多佳品。如馬山楚墓所出的蟠龍飛鳳紋繡衾面，正中是蟠龍飛鳳紋繡，左右側面各有兩片舞鳳逐龍紋繡，緊湊充實，色彩協調，繁富華麗。

三頭鳳鳥花卉紋繡袍面，鳳鳥皆三頭，展翅欲飛騰，花枝招展，神異怪氣。龍鳳虎紋繡羅單衣衣面，龍騰虎躍、鳳鳥飛翔，互相盤繞，繡工精細，色彩豔麗，是一件難得的珍品。

對龍對鳳紋繡衾面的花紋由八幅姿態各異的對龍對鳳圖案做左右對稱排列，並以花草紋相連組成，簡練生動、色彩典雅，針法純熟，被譽為繡品中的上乘之作。

印紡工業：歷代紡織與印染工藝

印紡濫觴 上古時期

　　楚地豐富的蠶絲資源，為楚地絲織刺繡業的興旺發達提供了充足的原料，而絲織業的發達又刺激了植桑養蠶業的發展。

　　湖南省衡東縣霞流寺春秋桑蠶紋銅樽，腹部主紋由四片桑葉組成，葉上及周圍都是蠶，或在蠕動，或在食桑，形態生動，而樽口所鑄眾蠶則昂首相對，不食不動，大有不吐不快的意趣。

　　身為楚國蘭陵縣令的荀子則更有《蠶賦》，言簡意賅，表述了蠶的習性及養蠶經驗。這些都從不同角度反映或折射出東周時蠶桑業的興旺情景。

　　楚地除蠶桑和絲織業外，麻、葛紡織也很普遍。一般勞動者都穿葛、麻織品所製的衣服。據《孟子》所記，楚人許行及其徒數十人為實踐其農家理論，都是穿粗麻布衣、戴生絹帽的。

　　楚璽中有「中織室璽」、「織室之璽」，應是包括絲織、刺繡在內的官營紡織手工業的專門管理機構的印章。

　　楚共王初年，楚軍東征，魯國為了跟楚講和，把織工百人送給楚國。這反映了楚文化對其他文化的兼容性，有益於楚國絲織及刺繡工藝的發展和提高。

　　絲織手工工藝專業性很強，楚國擁有一定數量的專業人才。戰國時代有「物勒工名」的習慣，也就是古代的責任追溯制。左家塘楚墓出土的一塊錦的邊上也墨書有「女五氏」，這些可能是能工巧匠留下的所謂「工名」。

楚國的絲織、刺繡產品不僅波及晉國等地，而且還遠傳阿爾泰遊牧地區。比如在烏拉干河流域的巴澤雷克分別出土了彩色菱紋絲織物及鳳鳥花草蔓枝紋樣的繡品，與中國境內的江陵、長沙楚墓所出有關紋樣圖案基本一致。

這是所見內地遠傳遊牧民族的最早的絲織、刺繡品，也是楚人同遠方遊牧民族文化交流的實物見證。

「楚繡」是荊楚大地的文化瑰寶，楚國的絲綢織造、刺繡的技藝，代表了中國絲織、刺繡工藝在先秦時期的高超水平。

閱讀連結

寵物一般是指為了娛樂或消除孤寂而豢養的動物，古人養的獸類寵物有狗、貓、馬、羊、驢、猴、鹿、龜等。養寵物本是為了觀賞娛樂，但歷史上卻有不少玩物喪志的例子。

楚莊王喜愛馬，給馬穿上錦繡衣服，養在雕樑畫棟的房子裡，用床給馬做臥席，用棗干蜜餞餵養。

後來馬得肥胖病死了，楚莊王令大臣給馬治喪，依照大夫的禮儀安葬，還下令誰敢勸諫就定死罪。幸在不畏死的伶人優孟婉轉說明下，楚莊王才終止了這種荒唐的做法。

印紡工業：歷代紡織與印染工藝

初顯風格 中古時期

初顯風格 中古時期

　　秦漢至隋唐是中國歷史上的中古時期。這一時期，隨著生產力的發展，紡織工藝和印染工藝都有了極大的進步，並在當時處於世界領先地位。

　　秦漢時期，彩繪和印花技術水平都有了很大提高，紡織機械也處於世界前列。隋代的織造技術和圖案紋樣均發生了重大變化。到唐代，絲織和印染工藝及刺繡都有了質的飛躍。

　　中古時期，中國的印紡工藝風格已初步形成，在中國手工業史中佔有重要地位。

▌秦漢時期的紡織技術

■古代織機模型

　　隨著農業的發展，秦漢時期的手工業也很快地發展。紡織技術較前代更為發展，各種紡織品的質量和數量都有很大提高。紡織品不僅數量大，而且紡織花色品種也已十分豐富多樣。

　　秦漢時期的紡織機械，在當時世界上處於遙遙領先的地位。中國花本式提花機出現於東漢，又稱「花樓」，它是中國古代織造技術最高成就的代表，而西方的提花機是從中國傳去的，使用時間比中國晚四個世紀。

　　秦漢時期，紡織手工業規模都很大，諺語說道「一夫不耕或受之饑，一女不織或受之寒」。

　　當時的紡織原材料以麻、絲、毛為主，形成了獨具特色的絲織工藝、麻織工藝和毛織工藝。此外，這一時期的棉花紡織技術也有一定的發展。

秦漢時期的絲織工藝有了新的發展。由於當時社會生產力的進一步提高，苧麻的栽培和加工技術都有了提高。

　　經過對出土文物的化驗證實，當時已用石灰、草木灰等鹼性物質來煮煉苧麻，進行化學脫膠。這不僅使纖維分離的更精細，可以紡更細的紗，織更薄的布，而且大大縮短了原來微生物脫膠週期，提高了生產效率，為苧麻的廣泛應用創造了條件。

　　馬王堆漢墓出土的紡織品中，有一部分是麻織物。其中有灰色細麻布、白色細麻布和粗麻布，質地細密柔軟，白色細麻潔白如練，灰色細麻布灰漿塗布均勻，布面經過輾軋，平整而又有光澤。

　　麻織物的原料經鑒定是大麻和苧麻，細麻布的單纖維比較長，強度和韌性也比較好。最細的一塊苧麻布，單幅總經數達一千七百三十四根至一千八百三十六根，相當於二十一升至二十三升布，是中國首次發現的如此精細的麻織物。

　　這些麻布的色澤和牢度，均和新細麻布一樣。由此可見，當時從育種、栽培、漚麻、漬麻、脫膠、漂白、漿碾、防腐以及紡、織等技術，都已達到了相當高的水平。

　　秦漢時期的絲織工藝由於專業織工們在實踐中不斷地積累經驗，改進技術，所以絲織物從紡、染、繡工藝至花紋設計，都有了空前的提高和發展。

　　漢代是中國絲綢的繁榮期，中國絲綢史上的很多重大事件都發生在這一時期。如提花機的重大改進，絲綢品種、絲

印紡工業：歷代紡織與印染工藝

初顯風格 中古時期

綢紋樣的豐富多樣，織物上出現吉祥寓意的文字，西北「絲綢之路」的開通等。

漢時絲織在繒或帛的總稱下，有紈、綺、縑、綈、縵、縠、素、練、綾、絹、縠、縞，以及錦、繡、紗、羅、緞等數十種。這說明當時織造技術達到了純熟的境地。

特別值得重視的是漢代出現了彩錦，這是一種經線起花的彩色提花織物，不僅花紋生動，而且錦上織繡文字。馬王堆西漢大墓出土的絲綢珍品，最能證實漢時絲織的繁榮歷史。

馬王堆漢墓出土的絲織品數量之大，品種之多，質量之高，都是過去罕見的，僅一號墓內出土的紡織品和服飾品就多達兩百餘種，而且都色彩絢麗、工藝精湛。

包括棉袍、夾袍、單衣、單裙、襪、手套、組帶、繡枕、香囊、枕巾、鞋、針衣、鏡衣、袷襖、帛畫等衣物飾品、起居用品和絲織品。織繡品種包括有絹類、方空紗、羅類、綺類、經錦、絨圈錦、條、組帶、金銀泥印花紗、印花敷彩紗、刺繡等很多種類。

這些文物尤其反映了漢代絲織品在繰絲、織造、印染、刺繡、圖案設計方面達到的高度。透過這些典型的國寶級的文物，就可窺見當時精湛的工藝水平和設計思想。

經鑒定，絲織品的絲的質量很好，絲縷均勻，絲面光潔，單絲的投影寬度和截面積同現代的家蠶絲極為相近，表明養蠶方法和繰、練蠶絲的工藝已相當進步。

「薄如蟬翼」的素紗織物，最能反映繰絲技術的先進水平。如一號漢墓出土的素紗襌衣，長一點六米，兩袖通長一

點九一米，領口、袖頭都有絹緣，而總重量只有四十八克，紗的細韌是可想而知的。

這樣的絲，如在繅絲工藝、設備、操作各方面沒有一定水平，是根本生產不出來的。

秦漢時期，毛紡織業也進入了一個較快的發展時期，出現了各種織毯工藝。

二十世紀初，英國人斯坦因在新疆羅布泊地區的漢墓中，發現了西漢時期的打結植絨的地毯殘片，這是迄今為止中國出土最早的植絨地毯實物，距今已有兩千兩百多年。

在當時，「絲綢之路」的開通，加速了中原與西域之間的商貿流通。西北民族已掌握了一種用緯紗起花的毛織技術，特別適用蓬鬆疏散的毛紗，織造各種有花紋的毛織物。

隨著社會生產的發展，毛毯的編織技術也越來越精細。西北優良的毛織品和織造技術透過絲綢之路傳入中原地區，逐漸在中原流行。

此外，漢代還把毛織成或擀成氈褥，鋪在地上，這是地毯的開端。漢畫像石磚中就反映了當時民間室內普遍使用的地毯。

秦漢時期的棉織技術有了發展。

棉花種植最早出現於古代印度河流域，據史料記載，至少在秦漢時期，棉花傳入中國福建、廣東、四川等地區。

初顯風格 中古時期

　　棉布在中國古代稱「白疊布」或「帛疊布」，原產於中國的西域、滇南和海南等邊遠地區，秦漢時才逐漸內傳到中原。

　　秦漢時期的海南島，黎族同胞就以生產「廣幅布」而聞名，這就是棉布。而這一時期的齊魯大地，是當時中國產棉的中心，當地的民間純棉手工紡織品一枝獨秀，「齊紈魯縞」號稱「冠帶衣履天下」。

　　秦漢時期，紡織機械主要有手搖紡車、踏板織布機，在織機經過不斷改造的基礎上，還造出了更為先進的花本式提花機等紡織機械。

　　手搖紡車是由一個大繩輪和一根插置紗錠的鋌子組成，繩輪和鋌子分裝在木架的兩端，以繩帶傳動。手搖紡車既可加捻，又能合絞，和紡墜相比能大大提高製紗的速度和質量。

　　紡車自出現以來，一直都是最普及的紡紗機具，即使在近代，一些偏僻的地區仍然把它作為主要的紡紗工具。

　　踏板織布機，由滕經軸、懷滾、馬頭、綜片、躡等主要部件和一個適於操作的機臺組成。

　　由於採用了機臺和躡，操作者有了一個比較好的工作條件，可用腳踏提綜，騰出手來更快地投梭引緯和打緯，從而提高了織布的速度和質量。

　　這是織機發展史上一項重大發明，它將織工的雙手從提綜動作解脫出來，以專門從事投梭和打緯，大大提高了生產率。

花本式提花機出現於東漢，又稱「花樓」。它是中國古代織造技術最高成就的代表。它用線製花本貯存提花程式，再用衢線牽引經絲開口。

花本是提花機上貯存紋樣訊息的一套程式，它是由代表經線的腳子線和代表緯線的耳子線根據紋樣的要求編織而成的。

明代宋應星《天工開物》中寫道：

凡工匠結花本者，心計最精巧。畫師先畫何等花色於紙上，結本者以絲線隨畫量度，算計分寸而結成之。

引文意思是說人們如果想把設計好的圖案重現在織物上，得按圖案使成千上萬根經線有規律地交互上下提綜，幾十種結線有次序地橫穿排列，做成一整套花紋裝置。

花本結好，上機織造。織工和挽花工互相配合，根據花本的變化，一根緯線一根緯線地向前織，就可織出瑰麗的花紋來。花本也是古代紡織工匠的一項重要貢獻。

花本式提花機後經「絲綢之路」傳入西方。

閱讀連結

據說西漢時鉅鹿人陳寶光之妻發明織花機。

陳寶光之妻曾經在漢宣帝時在大司馬霍光家傳授蒲桃錦和散花綾的織造技術，她所用的綾錦機有一百二十綜一百二十鑷，六十日成一匹，匹值萬錢。

　　漢代織花機的出現，能夠織出五彩繽紛的花紋和薄如蟬翼的舞衣，使紡織技術有了很大提高，也豐富了這一時期的舞蹈藝術。

　　西元五九年，漢明帝率公卿大臣祭天地所穿的五色新衣，就是織花機織出來的。根據歷史記載印證，這一傳說反映了西漢時中原地區絲織技術的水平。

秦漢時期的染織技術

■西漢時期的綿袍

　　秦漢時期，由於生產力的發展，染織工藝有著飛躍的發展。染織工藝的進步是服裝質量得以提高的基礎。當時的人們對服飾日益講究，著裝也漸趨華麗。很多出土文物證明了這一點。

　　秦漢時期的染料更加豐富，染色工藝已很發達，有一染、再染、蠟染，加深加固顏色等技術。秦漢時期的染織業在戰國基礎上發展成歷史上空前的繁盛期。

　　彩繪和印花技術也取得了突破性進展，其中凸版印花技術充分反映了中國秦漢時期的印染技藝水平。

秦漢時期的染料，無論是植物性染料、動物性染料還是礦物性染料的運用，都取得了很高的成就。

　　中國古代染色的染料大都是天然礦物或植物染料，而以植物染料為主。古代將原色青、赤、黃、白、黑稱為「五色」。將原色混合可以得到間色，也就是多次色。

　　在秦漢時期，將織物染成青、赤、黃、白、黑顏色，已經有一套成熟的技術。

　　青色主要是用從藍草中提取的靛藍染成的。東漢時期，馬藍已成為中國北方重要的經濟作物。在河南省陳留一帶有專業性的產藍區。

　　東漢末年的學者趙岐，路過陳留，看見山岡上到處種著藍草，就興致勃勃地寫了一篇《藍賦》，並在序中說：「余就醫偃師，道經陳留，此境人皆以種藍染為業。」

　　赤色主要用茜草染紅。漢代，大規模種植茜草。當時又從西域傳入一種染紅色的紅花。用茜草染成的紅色叫「絳」，接近於現代所謂的土耳其紅。而用紅花染成的紅色叫「真紅」，有「紅花顏色掩千花，任是猩猩血未加」之譽。

　　黃色主要是用梔子來染。梔子的果實含有花酸的黃色素，是一種直接染料，染成的黃色微泛紅光。在兩漢典章制度彙編《漢官儀》中，記有「染園出厄茜，供染御服」，厄即梔，說明當時染最高級的服裝也用梔子。

　　白色可用天然礦物絹雲母塗染，但主要是透過漂白的方法取得。漂白是使用化學溶劑將織物從漂染成為白色的過程。

印紡工業：歷代紡織與印染工藝

初顯風格 中古時期

漂白生絲只要用強鹼脫去絲膠即可。漂白麻，則多用草木灰加石灰反覆浸煮。

　　黑色主要是用櫟實、橡實、五倍子、柿葉、冬青葉、栗殼、蓮子殼、鼠尾葉、烏桕葉等。這些植物含有單寧酸，和鐵相作用後，就會在織物上生成黑色沉澱。這種顏色性質穩定，能夠經歷日曬和水洗，均不易脫落或很少脫落。

　　隨著生產的發展和生活的需要，人們對植物染料的需要量也不斷增加，因而在漢代出現了以種植染草為業的人。

　　漢代史學家司馬遷在《史記貨殖列傳》記載：「千畝梔茜，千畝姜韭，此其人皆以千戶侯等。」說明當時種植梔茜的盛況。紅花傳入中原後，也出現了以種紅花為業的人。

　　秦漢時期的礦物顏料主要是硃砂，當時的生產規模日益擴大，逐漸成為普遍採用的顏料。此外還出現了蠟染技術。

　　馬王堆一號漢墓出土的大批彩繪印花絲綢織品中，不少紅色花紋都是用硃砂繪製的。如有一件朱紅色菱紋羅做的絲錦袍，就是用硃砂染上去的。

　　硃砂顆粒研磨得細而均勻，其色澤到今天仍然十分鮮豔，說明西漢時中國勞動人民使用硃砂已有相當高的技術水平。

　　東漢以後，隨著煉丹術的發展，開始人工合成硫化汞，古時稱人造的硫化汞為銀朱或紫粉霜，以與天然的硃砂區別，它主要是用硫磺和水銀在特製的容器裡進行昇華反應提取。

蠟染技術在中國起源很早，據研究，最遲在秦漢時期，中國西南地區的少數民族就掌握了用蠟防染的特點，利用蜂蠟和蟲白蠟作為防染的原料。

蠟染的方法，是先用融化的蠟在白布或絹上繪出各種各樣的花紋，然後放到靛藍染液中去染色，最後用沸水熔掉蜂蠟，布面上就現出了各種各樣的白花。

蠟染技術以其獨到之處，是秦漢時期其他印染方法所代替不了的，因而沿用了一千多年。隨著西南地區的少數民族與漢族之間的文化交流，逐漸傳到中原以至全國各地，並且還流傳到亞洲各國。

秦漢時期的織造技術主要有彩繪和印花兩種形式。漢代織物上的花紋圖案，內容多為祥禽瑞獸、吉祥圖形和幾何圖案，組織複雜，花紋奇麗。

彩繪和印花，從馬王堆漢墓中出土很多，歸納起來約為兩種：一是彩色套印，一是印花敷彩。

專家認為，兩者的共同點是，線條細而均勻，極少有間斷現象，用色厚而立體感強，沒有滲化汙漬之病，花地清晰，全幅印刷。這可見當時配料之精，印製技術之高，都達到了十分驚人的程度。

能夠充分反映秦漢時期印染技藝水平的是當時占主導地位的凸版印花技術。馬王堆漢墓出土的絲綢印花敷彩紗袍和金銀泥印花紗，是凸版印花和彩繪相結合的方法加工而成的，這是中國古代印染工藝的一大進步。

印紡工業：歷代紡織與印染工藝

初顯風格 中古時期

　　馬王堆漢墓出土的彩色套印花紗及多次套染的織物，據分析共有三十六種色相，其中浸染的顏色品種有二十九種，塗染的有七種，以絳紫、煙、墨綠、藍黑和朱紅等色染得最為深透均勻。

　　漢代的染色工藝，從湖南省長沙馬王堆以及新疆維吾爾自治區民豐漢墓出土的五光十色的絲、繡、毛類織品來看，雖然在地下埋了兩千多年，色彩依舊那麼鮮豔，足以反映當時染色工藝的卓越和色彩的豐富與華美了。

　　一九五九年中國新疆維吾爾自治區民豐東漢墓出土的「延年益壽大宜子孫」、「萬年如意」、「陽」字錦等，所用的絲線顏色有絳、白、黃、褐、寶藍、淡藍、油綠、絳紫、淺橙等。

　　從馬王堆一號漢墓出土的各種染色織物，經分析，除上述顏色之外，還有大紅、翠藍、湖藍、藍、綠、葉綠、紫、茄紫、藕荷、古銅、杏色、純白等共有二十餘種色澤，充分反映了當時染色、配色技術的高超。

　　這表明當時中國已有相當完整的浸染、套染和媒染等染色技術，秦漢時期的織染業在戰國基礎上發展成歷史上空前的盛期。因此，當時從長安開始，有一條連接中亞、西亞和歐洲的陸上貿易通道，因主要運銷中國的絲織物而稱為「絲綢之路」。

　　與此同時，西漢武帝時繼續拓展海路貿易，最後終於形成了一條由中國雷州半島直達印度的「海上絲綢之路」。

中國的養蠶、繅絲、絲織、印染等技術先後傳到朝鮮、日本和歐洲。這是中國人民對世界文化和經濟作出的重大貢獻。

閱讀連結

　　秦漢時期，在歐洲人的心目中，中國的名字總是和絲綢聯在一起的，古希臘的《史地書》中以「絲之國」、「賽裡斯」來稱譽中國。

　　在當時的歐洲，穿著中國的絲綢成為高尚和時髦的象徵。古羅馬凱薩大帝曾穿著一件中國的絲綢袍去看戲，在場的人對那異常絢麗而又光彩奪目的皇袍驚羨不已，認為是破天荒的豪華，以至於無心繼續看戲。

　　由於輾轉爭購，使絲綢在西方市場上價格昂貴，也使「絲綢之路」的貿易更加興旺發達。

▌魏晉南北朝印染技術

■古代絲織四大天王

　　魏晉南北朝時期的染織工藝，繼漢代之後，仍以絲織為主。印染工藝發達，品種多樣，刺繡技藝提高，繡像隨之產生。同時，還出現了織繡專家。

　　這一時期的印染品種、紋樣、色彩豐富可觀，刺繡工藝也得到了發展。許多出土的實物顯示，魏晉南北朝時期的印染工藝已經達到了相當的水平。

　　魏晉南北朝時期，中國在種植藍草方面的經驗，北魏農學家賈思勰在《齊民要術》第一次用文字記載了用藍草製取靛藍的方法：

　　先是「刈藍倒豎於坑中，下水」，然後用木、石壓住，使藍草全部浸在水裡，浸的時間是「熱時一宿，冷時兩宿」，

將浸液過濾，按百分之一點五的比例加石灰用木棍急速攪動等沉澱以後「澄清瀉去水」，「候如強粥」，則「藍澱成矣」。

賈思勰還在《齊民要術》中總結了用紅花煉取染料的工藝技術。這一技術與隋唐時傳到日本。

魏晉時，南京的染黑色技術著稱於世，所染的黑色絲綢質量相當高，但一般平民穿不起，大多為有錢人享用。

晉時，在南京秦淮河南有一個地名叫烏衣巷，據說住在烏衣巷的貴族子弟以及軍士都穿烏衣，即黑色的綢衣。南京出產的黑綢直至新中國成立以後還馳名中外。

當時的絲織物印染尤以蜀錦居首。三國時諸葛亮治蜀，獎勵耕織發展蠶桑，以備軍需。

魏帝曹丕每得蜀錦，讚歎不已，吳國曾派張溫使蜀，蜀國贈錦「五端」，相當於現在的兩百五十尺，並遣使攜帶蜀錦「千端」回訪吳國。蜀國的姜維曾以錦、綺、彩絹各二十萬匹以充軍費。由此史實不難得知當時蜀國錦的產量之大。

據清代朱啟鈐的《絲繡筆記》記載，諸葛亮率兵至大、小銅仁，派人帶絲綢深入苗鄉，並親為兄弟民族畫圖傳技。

苗民為了紀念諸葛亮，把織成五彩絨錦稱「武侯錦」，錦屏的侗族婦女織的侗錦稱「諸葛錦」。蜀錦之花開遍西南，影響深遠。

曹魏紡織工藝家馬鈞革新提花織綾機。原來的織綾機五十根經線的五十躡，六十根經線的六十躡，控制著經線的分組、上下開合，以便梭子來回穿織。

蹯是踏具。馬鈞通通將其改成十二蹯。經過這樣一改進，新織綾機不僅更精緻，更簡單適用，而且生產效率也比原來的提高了四五倍，織出的提花綾錦，花紋圖案奇特，花型變化多端，受到了廣大絲織工人的歡迎。

新織綾機的誕生，是馬鈞一生中最早的貢獻，它大大加快了中國古代絲織工業的發展速度，並為中國家庭手工業織布機的發展奠定了基礎。

魏提花綢與蜀錦可以並美。

西元二三七年，日本使者來訪得贈大批紋錦。隨後，日本女王專使前來，帶回去大批「絳地交龍錦」等，提花及印染技術隨之傳入日本。

兩晉絲織仍以蜀錦著名，城郊村鎮，掌握蜀錦編織技巧之家遍佈，稱為「百室籬房，機杼相和，貝錦斐成，濯色江波」。

十六國時前秦的秦川刺史竇滔之妻蘇蕙，是著名染織工藝家，雙手織出回文詩句，稱「回文錦」《璇璣圖》，造詣卓越，被傳為佳話。

南北朝絲織，江南普遍有所發展。劉宋設少府，下有平準令，後改染署，進行專門管理。南齊除蜀錦外、荊州、揚州也是主要產區。北方拓跋設少府後改太府，有司染署，下屬京坊、河東、信都三局，有相當規模的生產。

六朝絲織品種、紋樣、色彩豐富可觀。十六國中的後趙在鄴城設有織錦署，錦有大登高、小登高、大光明、小光明、大博山、小博山、大茱萸、小茱萸、大交龍、小交龍、蒲桃

紋錦、斑紋錦、鳳凰朱雀錦、韜紋錦、核桃紋錦,以及青、白、黃、綠、紫、蜀綈等,名目之多,不可盡數。

　　新疆維吾爾自治區吐魯番民豐出土的實物,發現有東晉、北魏、西魏的錦、綺、縑、絹及印花彩絹等,還有江蘇銅山、常熟出土的綾、絹。

　　這些錦、綺圖案織作精細,主要的有兩種類型,一是純幾何紋,一是以規則的波狀幾何紋骨架,形成幾何分隔線,配置動、植物紋,從而構成樣式化。

　　紋樣有的還吸收了不少外來因素,多為平紋經線彩錦,兼有緯線起花,出現了中亞、西亞紋樣。比如新疆維吾爾自治區出土的有菱紋錦、龍紋錦、瑞獸錦、獅紋錦、忍冬菱紋錦、忍冬帶聯珠紋錦、雙獸對鳥紋錦、鳥獸樹紋錦、樹紋錦、化生錦等。

　　色彩有大紅、粉紅、絳紅、黃、淡黃、淺栗、紫寶藍、翠藍、淡藍、葉綠、白等多種。

　　如:忍冬菱紋錦,以絳色圓點構成菱形格,菱內置肥大的絳色十字花,花內有細緻的朱色忍冬,既帶花蕊又自成小花,構成花中有花的樣式,色彩簡潔明快而不單調。

　　天王化生錦有獅、象和佛教藝術中化生、蓮花等中亞習見的紋樣。方格獸紋錦是黃、綠、白、藍、紅五色絲織,在黃、綠等彩條上,織有藍色犀牛,紅線白獅,藍線白象等紋樣。

　　這些色彩,綿薄色多,提花準確,組織細密,反映了這一時期的時代特色。

印紡工業：歷代紡織與印染工藝

初顯風格 中古時期

綺多為單色斜紋經線顯花，紋樣繁縟，質地細薄透明，織造技藝進步。

比如，新疆維吾爾自治區出土的龜背紋綺、對鳥紋綺、對獸紋綺、雙人對舞紋綺、蓮花紋綺、套環貴字紋綺、套環對鳥紋綺等，其中的雙人對舞紋綺紋樣是圈外環鳥群，四個橢圓形交界空隙處有雙人對舞圖案。蓮花紋綺是在兩個橢圓弧線結合處，飾八瓣蓮花一朵，新穎別緻。

魏晉南北朝時期，毛毯廣為應用，編織技術提高。南北朝時，西北民族編織毛毯，用「之」字形打結，底經底緯斜紋組織。

這種編織方法便於採用簡易機械代替手工操作，從而提高產量。在北朝，帳氈等更廣為應用。

魏晉南北朝時期的印染也有所發展。隨著紡織的發展，印染工藝很有進步，晉朝蠟纈可染出十多種彩色，東晉絞纈已有小簇花樣、蝴蝶纈、蠟梅纈、鹿胎纈等多種。紫地白花斑為當時流行色。

其中的絞纈是一種機械防染法，最適於染製簡單的點花或條紋。

其方法是先將待染的織物，按預先設計的圖案用線釘縫，抽緊後，再用線緊緊結紮成各種式樣的小結。浸染後，將線拆去，縛結的那部分就呈現出著色不充分的花紋。

這種花紋，別有風味，每朵花的邊界由於受到染液的浸潤，很自然地形成由深到淺的色暈。花紋疏大的叫「鹿胎纈」或「瑪瑙纈」；花紋細密的叫「魚子纈」或「龍子纈」。

還有比較簡單的小簇花樣，如蝴蝶、臘梅、海棠等。

東晉南北朝時，絞纈染製的織物，多用於婦女的衣著。

在大詩人陶潛的《搜神後記》中記述了一個故事。一個年輕婦女穿著「紫纈襦青裙」，遠看就好像梅花斑斑的鹿一樣。很顯然，這個婦女穿的，就是由鹿胎纈花紋的衣服。

絲織染品有新疆阿斯塔那出土的紅色白點絞纈絹、絳色白點絞纈絹是西涼的織染品。

於田出土的夾纈印花絹，是北魏染品，大紅地、白色六角形小花，清晰齊整。民豐出土的藍色冰裂紋絞纈絹，天藍地白色冰裂紋，形成自然的網狀紋樣，靈活有韻味。

彩畫絹則直接手繪，承傳統發展。敦煌莫高窟發現的綠地鳥獸紋綵綢，綠地白紋，弧線劃分加平行直線為骨架，其間有鳥獸為主紋，精美而素雅。

至於毛織染品，當時西北地區已開始出現蠟防印染毛織物。

胭脂紅地纏枝花毛織品，以纏枝花為主體紋樣，構成兩種連續、婉轉伸延都顯示出的柔嫩姿態。花葉經過變形換色而不失自然氣息，大塊胭脂紅為基調，黑色寬線條襯托出白色、綠色相間的花葉，整個畫面和諧明麗。

還有紫色呢布、駝色黑方格紋褐、藍色蠟纈廚、藍色印花斜紋褐等。

棉織染品有於田出土的藍印花布。絲、毛、棉織物上都有染色印花，已廣為流行。

印紡工業：歷代紡織與印染工藝

初顯風格 中古時期

魏晉南北朝時期，刺繡工藝有顯著提高。

三國時，已有著名織繡工藝家，東吳有吳王趙夫人，巧妙無雙，能於指間以彩絲織成龍鳳之錦，大則盈尺，小則方寸，宮中號為「機絕」。又於方帛之上繡作五岳列國地形，號為「針絕」。又以膠續絲作輕幔，號為「絲絕」。此三絕名冠當時。

刺繡用於佛教藝術，「繡像」技藝高超。其中，敦煌莫高窟發現了北魏的《一佛二菩薩說法圖》，上面繡有「太和十一年」、「廣陽王」等字樣。繡地是在黃絹上，絹中夾層麻布，用紅、黃、綠、紫、藍等色線。

繡出的佛像和男女供養人，女子高冠繡服，對襟長衫上滿飾桃形「忍冬紋」，邊飾「卷草紋」、「發願文」及空餘襯地全用細密的「鎖繡針法」，進行「滿地繡」。

橫幅花邊紋飾為「空地繡」，繡出圓圈紋和龜背紋套疊圖案，圈中為四片「忍冬紋」，又與「龜背紋」重疊，圈用藍、白、黃等色，「忍冬」用黃、藍、綠等色，「龜背」用紫白等色。

構成富於變化的幾何圖案，線條流利，針勢走向隨各種線條的運轉方向變化。使用兩色或三色退暈配色法，以增強形象質感效果。《一佛二菩薩說法圖》是六朝時代的刺繡珍品。

總之，魏晉南北朝時期的織、染、績、繡，在漢代基礎上，於民族融合的情況下，有了新的發展。從紋樣內容到形式色彩以及工藝技巧，都有自己的時代特色和新的風格。

閱讀連結

魏晉南北朝時期，由於絞纈染只要家常的縫線就可以隨意做出別具一格的花紋，因而應用很廣泛。

據說北魏孝明帝時，河南滎陽有一個名叫鄭雲的人，曾用印有紫色花紋的絲綢四百匹向當時的官府行賄，弄到一個安州刺史的官銜。

這些行賄的花綢是用鏤空版印花法加工製成的。鏤空版的製法，是按照設計的圖案，在木板或浸過油的硬紙上雕刻鏤空而成的。印染時，在鏤空的地方塗刷染料或色漿，除去鏤空版，花紋便顯示出來。

▌隋代的染織工藝技術

■隋代的華麗絲綢服飾

印紡工業：歷代紡織與印染工藝

初顯風格 中古時期

　　全國的統一，疆土的開拓，交通的暢達，經濟的繁榮，中外文化的交流，市場的擴大及科學技術的進步，使隋代的染織工藝空前繁盛，織造技術和圖案紋樣均發生了重大變化。

　　雖然隋代只維持了短短的二十多年，但是它在完成統一事業以後，曾出現了經濟文化繁榮發展的大好局面。其中，隋代絲織品的生產不僅遍及全國，更因其較高的工藝水平，成為對外貿易中的重要產品，遠銷海外。

　　隋文帝楊堅結束了長期分裂的局面，重新統一了華夏大地，建立隋政權，定都長安。全國統一以後，社會秩序安定下來，南北的經濟、文化得到了交流。

　　隋朝朝廷繼續實行北魏以來的均田制，農民的負擔比以前有所減輕，在短短的二十多年間，經過人民群眾的辛勤勞動，農業生產和手工業都有新的發展。隨著京杭大運河的開鑿，它對南北經濟交流，起了很大的作用。

　　隋代農業經濟的發展，給染織工藝提供了原料等物質基礎，促進了染織工藝的提高。紡織業中以絲織業最為有名，絲織品的產量更有了空前的擴大，繅絲技術有很大改進，由原來簡單的繅絲框，發展成比較完善的手搖繅絲車。

　　隋代絲織工藝水平較高，絲織品生產遍及全國，官辦作坊成為高級織染品的主要生產部門。

　　隋文帝時，太府寺統左藏、左尚方、內尚方、右尚方、司染、右藏、黃藏、掌冶、甄官等署，掌握著許多重要手工業部門。

隋煬帝楊廣時，從太府寺分置少府監，由少府監統左尚、右尚、內尚、司尚、司染、鎧甲、弓弩、掌冶等署。後又廢鎧甲、弓弩兩署，並司織、司染為織染署。在一些地方州縣和礦產地區，也設有管理官府手工業作坊的機構。

隋代設有專門機構來管理染織生產，如隋煬帝時有少府監，下屬有司染署和司織署；以後，兩署又合併為染織署。隋代的染織多出於染織署，管理製造御用染織品。

隋代絲織品主要產地為今天的河南、河北、山東、江蘇、四川等地，所產綾、絹、錦等都很精美。

比如：河南省安陽所產綾紋細布，都非常精良，是為貢品；四川省成都所產綾錦，也很著名；江蘇省蘇州等地的絲織業也很發達，繅絲、織錦、織絹者頗多；江西省南昌婦女勤於紡績，技術熟練，夜晚浣紗，早晨就能紡織成布，時人謂之「雞鳴布」。

當時還採用外來的波斯錦的織造技法，織出了質量很高的仿波斯錦。在今安徽、江蘇、浙江、江西等地，麻布的產量很大。

隨著手工業的發展，當時專門從事手工業的勞動者日益增多。隋煬帝時，朝廷曾在河北一地，招募「工藝戶」三千多家。

隋代的絲織遺物，在新疆維吾爾自治區吐魯番阿斯塔那古墓曾有出土：聯珠小花錦，大紅地黃色聯珠圈中飾八瓣小花圖案，這應是唐代最為盛行的聯珠紋錦圖案的濫觴；棋局

錦，是紅白兩色相間的方格紋；彩條錦，是用菜綠和淡黃兩色織成的彩條紋。

這些錦的圖案明快大方，別具一種藝術風格。同時還出土綺多種，有聯珠紋套環團花綺，聯珠紋套環菱紋綺；另有一種回紋綺，色彩複雜，有紫、綠、大紅、茄紫四種顏色，織成回紋圖案。

日本法隆寺曾保存了一些隋代的絲織品。其中著名的有《四天王狩獵文錦》，圖案以樹為中心，配飾四個騎馬的胡人做射獅狀。這種圖案具有波斯工藝的風格，反映了中國與西域文化交流的影響。

法隆寺還有《白地狩獵文錦》、《紅地雙龍文錦》、《紅地華文錦》、《鸞文錦》等。其中的蜀江錦是四川省成都所產的一種絲織品，它的特點是在幾何形的圖案組織中飾以聯珠文，這幅錦以緋色作為主調，具有獨特的藝術效果。

此外還有廣東錦，日本稱為「太子間道」，或稱「間道錦」。在紅地上織出不規則的波狀紋，看來似用染經的方法織造，這是當時中國南方的特產。

隋煬帝時，曾經在元宵燈會時將東都洛陽四千米長的御道用錦帳作為戲場，命樂人舞伎身穿錦繡繒帛；又於冬日百花凋謝之季，命宮人用各色綾綺做成樹葉花朵，裝飾宮內光禿樹木；又在南巡揚州時，用無數彩錦作為風帆裝飾大型龍舟和馬鞍上的障泥。

障泥就是垂於馬腹兩側，用於遮擋塵土的東西。

唐朝詩人李商隱的《隋宮》曾這樣形容道：

春風舉國裁宮錦，半作障泥半作帆，錦帆百幅風力滿，連天展盡金芙蓉。

這些詩句除了政治意義外，客觀地描述了隋代絲織品產量之大，製作之精。

在東起長安，經陝西、甘肅、新疆，越帕米爾，經中亞、西亞西到地中海東岸的「絲綢之路」上，發現了大量隋代精美的絲織品。

近年在新疆吐魯番阿斯塔那古墓均有出土，其中有紅白兩色相間織成方格紋的《棋局錦》，大紅地黃色聯珠團花圖案的《聯珠小花錦》，用菜綠、淡黃兩色織成的《彩條錦》，還有《聯珠孔雀貴字紋錦》、《套環對鳥紋綺》等。這些絲織品簡潔質樸，別具一格。

由此證明，隋代絲織品的生產不僅遍及全國，更因較高的絲織工藝水平，成為外貿中的重要產品，遠銷海外。

閱讀連結

隋煬帝遷都洛陽後，為了使長江三角洲地區的豐富物資運往洛陽，於西元六〇三年下令開鑿從洛陽經山東臨清至河北涿郡長約一千公里的「永濟渠」；又於西元六〇五年下令開鑿洛陽至江蘇清江約一千公里長的「通濟渠」；西元六一〇年開鑿江蘇鎮江至浙江杭州長約四百公里的「江南運河」；同時對邗溝進行了改造。

這樣，隋代總共開鑿了全長大約兩千七百公里的河道，它們可以直通船舶。

　　京杭大運河作為南北的交通大動脈，促進了沿岸城市的迅速發展，也為隋代染織工業的發展注入了無限生機。

唐代精美的絲織工藝

　　唐代是中國古代絲織手工業發展史上一個非常重要的階段。在這個時期，絲綢生產各個部門的分工更加精細，織品的花式品種更加豐富，絲綢產區更加擴大，織造技術也大為提高。

　　唐代的絲織品技術高超，工藝成熟，且名目繁多，品種豐富。尤其是絹、綾、羅、綺、錦等紡織品上華麗而又精美的圖案，不僅是吸收了外來藝術形式，而且繼承了民族傳統，兼收並蓄，別具風采，反映了中國大唐盛世的繁榮景象。

■唐代絲綢

　　唐代紡織品有麻、棉、毛、絲幾種。麻織品種繁多，多是勞動人民的服用品，有葛布、孔雀布、楚布等多種。

　　棉織在嶺南一帶較為發展，有絲棉交織布、白疊布等。毛織產地主要分佈在北方及西北一帶，生產各式氈子，其中

江南道宣州的紅線毯非常有名。在所有紡織品中，絲織品最為著名。

唐代絲織品名目繁多，品種豐富，達到前所未有的程度，有絹、綾、羅、綺、錦等。

絹是平織的，沒有花紋，用印染等方法進行裝飾。

綾是單色的斜紋織物，可以隨時改變斜紋的組織以產生花紋，這樣織造的方法稱「提花」。

羅是從漢代以來就流行的一種複雜織法，都是單色半透明的織物，以利用染色的方法進行紋樣裝飾。

錦是唐代高級絲織品之一，是在漢代發展起來的一種通經斷緯的織物，吐魯番曾出土織成錦條帶。唐代武則天時期，曾令制織成及刺繡佛像四百幅，分送各寺院及鄰國，製作技術已相當成熟，為兩宋時期發達的「緙絲」產品打下了基礎。

綺的織造方法，是素地起兩三枚經斜紋提花。除本色外，有染成紅、黃、紫、綠等色。

錦是多色的多重織法，質地厚重。唐代以前的錦稱「經錦」，而唐錦的製作，由於技術革新，取得了緯錦的新創造，在三國時馬鈞改良織機的基礎上，突破了單純經線起花織法，而且還發展到經緯線互相配合起花的新技術。

這樣的織法不僅可以織出更為複雜的花紋及寬幅的織物，而且色彩極為華麗，形成唐錦華麗優美的時代風格。

唐代織錦中最華麗的一種是新出現的暈綱錦，它用各種色彩相間排列，構成絢麗繽紛的效果。在新疆維吾爾自治區

印紡工業：歷代紡織與印染工藝
初顯風格 中古時期

阿斯塔那出土的一件提花錦裙，用黃、白、綠、粉紅、茶褐五色經線織成，再於彩條地上用金黃色的細緯線織出蒂形小團花。

這是考古第一次發現的「錦上添花」錦，精美異常。在同地的墓葬中，又出土了一雙雲頭錦鞋和一雙錦襪。鞋裡襯內綠、藍、淺紅三色施暈繝，這是目前所知唐代最絢麗的一件暈繝錦。

唐代，四川仍是絲織品的重要產區，在漢代久負盛名的蜀錦，這一時期有不少珍品問世。

遺存至今的唐代絲織品，早期出土的有《天藍地牡丹錦》、《沉香地瑞鹿團花綢》、《茶色地花樹對平綢》、《寶藍地小花瑞錦》、《銀紅地鳥含花錦》等多種。後來出土的有《獸頭紋錦》、《聯珠鹿紋錦》、《聯珠對鴨紋錦》、《聯珠豬頭紋錦》、《聯珠天馬騎士紋錦》、《聯珠吉字對鳥紋錦》、《棋紋錦及花鳥紋錦》、《瑞花遍地錦》、《龜背紋錦》、《花鳥紋錦》等多種。

大量唐代精美的絲織物的出土，反映了唐代織造工藝的高超水平和精湛技藝。

唐代的織錦有很多現在保存在日本正倉院的實物中。比如有一幅唐代《獅子舞錦》，一隻獅子在寶相花枝藤中曼舞，在每朵寶相花上面，都站立著載歌載舞的人物，有的打著長鼓，有的彈著琵琶，有的吹著笙笛。花紋的單位足足有一米多長，整幅畫面充滿著一片歡騰熱鬧的景象，氣魄真是宏偉極了！

日本正倉院還收藏有：用染花經絲織成的「廣東錦」；用很多小梭子根據花紋顏色的邊界，分塊盤織而成的「綴錦」；利用由深到淺的暈色牽成的彩條經絲，織成暈色花紋的「大綢錦」；利用彩色緯絲顯花，並分段變換緯絲彩色的「緯錦」；利用經絲顯露花紋的「經錦」等。

　　這些絲織品種的實物，在中國西北古絲路經過的地方也都發現過。

　　其中廣東錦就是現在流行的「印經織物」的前身。綴錦就是中國所說的「緙絲」，日本稱它為「綴錦」。用經絲牽成暈色彩條的辦法，在現在的紡織生產中也經常運用。

　　經絲顯花的經錦，是漢以來的傳統方法。用緯絲顯花，分段換色，要不斷換梭投緯，織製時比較費事，但緯絲可以比經絲織得更密緻。用緯絲顯花，花紋就可以織得更加精細，色彩的變換也可以更自由。

　　因此，緯絲顯花和分段變色的方法，在現代的絲織生產中仍然是主要的技藝。

　　根據目前考古發掘的實物資料證明，唐初就已經生產緯錦這種品種了。北京故宮博物院保存著一件從新疆維吾爾自治區吐魯番阿斯塔那墓出土的《瑞花幾何紋緯錦》，這件緯錦的花紋，也是初唐時期中原流行的典型式樣，它是用一組藍色的緯絲織出斜紋組織的地紋，另外用兩組緯絲織出花紋。

　　在織花紋的兩組緯絲中，有一組是白色的，專門用來織花紋的邊緣部分；還有一組是分段換梭變色的，用來織花心部分，在標本上看到換梭的顏色有大紅、湖綠兩色。

　　這件文物標本還保留著十七點三釐米長的幅邊，從幅邊能清楚地看到緯絲回梭形成的圈扣，以及幅邊的組織規律。

　　阿斯塔那出土的唐代絲織品中，還有一件由兩組不同色的經線和兩組不同色的緯線互相交織成正反兩面花紋相同的雙面錦。

　　正反兩面的區別僅僅是花紋的顏色和地紋的顏色互相轉換，即正面花紋的顏色，在反面恰恰就是地紋的顏色；而正面地紋的顏色，在反面恰恰就是花紋的顏色。

　　這種雙面錦的織法，就是現代「雙層平紋變化組織」的織法，它的優點是正反兩面都能使用，組織牢固，使用性能高。

　　唐代的薄紗也織得很好。當時的貴族婦女肩上都披著一條「披帛」，大都是用薄紗做成的。另外還有一種用印花薄紗縫製的衣裙，也是當時貴族婦女們很喜愛的服飾。

　　唐代印花絲綢的花色很多，印花加工除蠟染、夾板印花、木板壓印等方法外，還有用鏤花紙版刮色漿印花及畫花等多種方法。

　　唐代絲織品的圖案紋樣豐富多彩，風格獨特。其中以花鳥禽獸紋為主要的裝飾題材，鳥獸成雙，左右對稱，鳥語花香，花團錦簇，呈現出一派生機勃勃的春天氣息。

　　在花卉植物類圖案中，多紋有盛開的牡丹花、折枝花、寶相花、散點花和卷草紋，形象處理飽滿生動。

如吐魯番出土的花鳥紋錦，以盛開的牡丹花為中心，周圍有展翅飛翔的蜂蝶和練鵲，有迎花飛舞的鸚鵡，有寧靜的山岳和飄飛的祥雲，疏密有致，花鳥爭春。錦邊配上藍地花卉兩條連續的裝飾帶，色彩華麗，製作精美，代表了唐錦的工藝水平和裝飾特點。

　　北京故宮博物院收藏的《天藍地牡丹錦》，主體紋樣是一個正面形的八瓣牡丹花，周圍用八朵側面的牡丹花圍繞而成。外面一層又裝飾了一圈較大的牡丹花，花之間安排小折枝花，構成了極其富麗飽滿的大團花圖案。

　　這件作品，在鮮豔奪目的天藍地色上，花卉用深綠、淺綠、紅、粉紫、淺黃等顏色來交錯使用，用退暈手法來處理，使作品色彩華麗，主題突出，層次分明，生機盎然。

　　另一件茶色地《牡丹花對羊綢》，主題紋樣是迎著朝霞怒放的牡丹花，在陽光的照耀下，露水珠晶瑩閃光。美麗活潑的蝴蝶圍繞著牡丹翩翩起舞，兩只左右對稱的小羊回首互望，一幅恬靜優美的畫面，表現了春天鳥語花香、粉蝶飛舞的欣欣向榮的景象，這正是盛唐以來工藝裝飾的特點。

　　此外，《瑞鹿牡丹團花綢》也是優秀作品，都和當時花鳥畫的發展有著密切的關係。

　　聯珠團窠紋也是唐錦圖案的一類。唐代這類圖案的發現較為普遍，成為唐錦的典型紋樣。以一圈聯珠組成團窠，中間安排鳥獸和花卉圖案。圖案內容有盤龍、鳳凰、麒麟、獅子、天馬、仙鶴、蓮花、忍冬和寶相花等。紋樣規整、連續、

對稱，以四方連續的組織向四面延續。四個團窠紋之間的空隙，裝飾忍冬紋。

據說聯珠紋來源於古代波斯，但從中國原始社會的彩陶紋樣，商代婦好墓出土的銅鏡背面的邊飾紋樣及西晉的青瓷紋樣和隋代的織錦的聯珠紋上，均可見到它的形象。說明這種紋樣不僅是吸收了外來藝術形式而且繼承了民族傳統，兼收並蓄，別具風采。

唐代聯珠團窠紋織錦遺物，在吐魯番、甘肅省境內都有大量出土。代表作品有《聯珠對鴨紋錦》、《聯珠對天馬騎士紋錦》、《聯珠鹿紋錦》、《聯珠豬頭紋錦》、《聯珠戴勝鸞紋錦》等，尤其以鹿紋錦和豬頭、對鴨紋錦，紋樣別緻，生動有趣。聯珠團窠紋是唐代流行的一種裝飾形式。

此外，唐錦紋樣還有幾何紋，其中有萬字、小散點花等。唐錦紋樣形象華美、活潑，給後世深遠影響。

閱讀連結

唐代絲綢有許多新異的圖案名目，還有不少特別精美的花式，是上層人物才能享受的精品。

唐太宗在位時，有一個叫竇師倫的人，在四川益州大行臺任上，曾創製了不少絲綢花式，其中有對雉、鬥羊、翔鳳、游麟等花樣，一直流行了幾百年。

因竇師倫受封為「陵陽公」，人們就把那些花樣稱為「陵陽公樣」。

陵陽公樣是唐錦中最為精美的一部分。紋樣成雙成對，圖案新穎奇麗，別具一格。一直受到人們的喜愛。

唐代印染與刺繡工藝

唐代的印染工藝相當發達，主要有夾纈、蠟纈、絞纈、凸版拓印技術和鹼印技術等。刺繡在唐代有了飛躍的發展。唐代的刺繡除了作為服飾用品外，還用於繡作佛經或佛像，針法絕妙，效果甚佳，還反映了當時人們的宗教意識。

■唐代宮女刺繡圖

唐代的印染業相當發達，出現了一些新的印染工藝，比如凸版拓印工藝等。唐代印染工藝還包括夾纈、蠟纈和絞纈，其中的夾纈工藝起源並鼎盛於唐代，以至於成為了當時最普通的染色工藝。

印紡工業：歷代紡織與印染工藝

初顯風格 中古時期

我們知道，在染一件衣服之前，一定要把有油汙的地方清洗乾淨。在煮染的過程中，還要不斷攪動，防止一些地方打絞成結。

因為有油汙或紐絞成結的地方容易造成染色不均或染不成色，會使得衣服深一塊淺一塊，花花斑斑，十分難看。

然而，中國古代勞動人民卻透過總結這些染色失敗的教訓，使壞事變好事，創造出獨特的印花技術，這就是夾纈、蠟纈和絞纈，我們通常稱之為「古代三纈」。現在人們將三者通稱為「夾染、蠟染、紮染」。

夾纈即現代所說的夾染，是一種直接印花法。夾纈是用兩塊木版，雕鏤同樣的圖案花紋，夾帛而染，印染過後，解開木版，花紋相對，有左右勻整的效果，是比較流行的，最普通的一種印染方式。

日本正倉院迄今還保存著唐代自中國輸入的「花樹對鹿」、「花樹對鳥」夾纈屏風。

夾纈的工藝種類比較多，有直接印花、鹼劑印花，還有防染印花，比較傳統的是鏤空花版，「盛唐」時期才採用了篩網印花，也就是篩羅印花。

鏤空花版的製作是在紙上鏤刻圖案，成花版，爾後將染料漏印到織物上的印染工藝。用鏤空紙花版印刷的花形，一個顯著的特點是線條不能首尾相連，留有缺口。

從一九六六年至一九七三年吐魯番出土的一批唐代印染織物的花紋觀察，紗織物花紋均為寬兩毫米的間歇線條組成，白地印花羅花紋花瓣葉脈的點線互不相連接，呈間歇狀，絹

織物花紋均為圓點和雞冠形組成的團花，皆為互不相連接的洞孔。

這裡出土的茶褐地綠、白兩套色印花絹中，第一套白色圈點紋，這些小圓圈除一些因拖漿形成的圓點或圓圈外，凡印花清晰的，其圓圈均不閉合，即圈外有一線連接。這些都是鏤空紙花版所特有的現象。

特別是這些小圓圈的直徑不過三毫米，圈內圓點直徑僅一毫米左右，這絕不是用木版所能雕刻出來的。這種印花版，是用一種特別的紙版鏤刻成的。

吐魯番出土的唐代印染標本表明，至遲在「盛唐」以前，中國絲織印染工人就已經完成了以特別鏤空紙花版代替鏤空木花版的改革工藝。

蠟纈即現代所說的蠟染。它的製作方法和工藝過程是：把白布平貼在木板或桌面上點蠟花。點蠟的方法，把蜂蠟放在陶瓷碗或金屬罐裡，用火盆裡的木炭灰或糠殼火使蠟熔化，便可以用銅刀蘸蠟作畫。

作畫的第一步是確定位置。有的地區是照著紙剪的花樣確定大輪廓，然後畫出各種圖案花紋。

另外一些地區則不用花樣，只用指甲在白布上勾畫出大輪廓，便可以得心應手地畫出各種美麗的圖案。

浸染的方法，是把畫好的蠟片放在藍靛染缸裡，一般每一件需浸泡五六天。第一次浸泡後取出晾乾，便得淺藍色。再放入浸泡數次，便得深藍色。

如果需要在同一織物上出現深淺兩色的圖案，便在第一次浸泡後，在淺藍色上再點繪蠟花浸染，染成以後即現出深淺兩種花紋。

當蠟片放進染缸浸染時，有些蠟跡因折疊而損裂，於是便產生天然的裂紋，一般稱為「冰紋」。有時也根據需要做出「冰紋」。這種「冰紋」往往會使蠟染圖案更加層次豐富，具有自然別緻的風味。

蠟染方法在唐代的西南苗族、布依族等少數民族地區廣泛流行。蠟染花布圖案生動別緻，不僅受到中國人民的喜愛，而且遠銷國外，頗受歡迎。

日本正倉院藏有唐代《象紋蠟纈屏風》和《羊紋屏風》，紋樣十分精美。

絞纈即現代所說的紮染。常見的方法是先將待染的織物根據需要，按一定規格用線縫紮成「十」字形、方格形、條紋等形狀，然後染色，染好後曬乾，把線結拆去。由於染液不能滲透，形成色地白花，花紋的邊緣則產生暈染效果。

還有一種方法是將穀粒包紮在釘扎部分，然後入染，便產生更複雜的花紋變化。

在吐魯番阿斯塔那古墓出土了唐代的「絞纈裙」，由絳紫、茄紫等色組成菱形網狀圖案，精巧美觀。

絞纈有一百多種變化技法，各有特色。如其中的「捲上絞」，暈色豐富，變化自然，趣味無窮。更使人驚奇的是紮結每種花，即使有成千上萬朵，染出後卻不會有相同的出現。

這種獨特的藝術效果，是機械印染工藝難以達到的。絞纈產品特別適宜製作婦女的衣裙。

唐代還有凸版拓印技術。特別是在甘肅敦煌出土的唐代用凸版拓印的團窠對禽紋絹，這是自東漢以後隱沒了的凸版印花技術的再現。

此外，西漢長沙馬王堆出土的印花織物，是用兩塊凸版套印的灰地銀白加金雲紋紗。凸版拓印技術發展到唐代，有用凸版拓印的敦煌出土的團窠對禽紋絹，這是這種工藝的實物再現。

唐代鹼印技術，是用鹼為拔染劑在絲羅織品上印花。它是利用鹼對織物的化學作用，經染後而產生不同色彩的花紋。

還有用鏤空紙板印成的大簇折枝兩色印花羅，是更精美的一種。吐魯番出土的蠟纈煙色地狩獵紋印花絹，其中騎士搭弓射獅，駿馬奔馳，犬兔相逐，周圍點綴飛鳥花卉，表現了一派生動緊張的狩獵場面，技藝精湛。

唐代刺繡應用很廣，針法也有新的發展。刺繡一般用作服飾用品的裝飾，做工精巧，色彩華美，在唐代的文獻和詩文中都有所反映。

如李白詩「翡翠黃金縷，繡成歌舞衣」、白居易詩「紅樓富家女，金縷刺羅襦」等，都是對於刺繡的詠頌。

唐代刺繡的針法，除了運用戰國以來傳統的辮繡外，還採用了平繡、打點繡、紜裥繡等多種針法。

其中的絟褕繡又稱「退暈繡」，即現代所稱的「戧針繡」，可以表現出具有深淺變化的不同的色階，使描寫的對象色彩富麗堂皇，具有濃厚的裝飾效果。

唐代學者蘇鶚的《杜陽雜編》記載：唐同昌公主出嫁時，有神絲繡被，上繡三千鴛鴦，並間以雜花異草，其精巧華麗無比。唐玄宗時，為楊貴妃一人進行服飾刺繡的繡工就達七百餘人。

唐代的刺繡除了作為服飾用品外，還用於繡做佛經和佛像，為宗教服務，用於繡做佛經或佛像。

《杜陽雜編》記載：西元八〇五年，南海盧眉娘，在尺絹上繡佛經，繡出的字如粟粒般大小，點畫分明，細如毫髮，堪稱一絕。

隨著刺繡範圍和題材的擴大，繡做佛經或佛像時又發展了很多新針法，有直針、纏針、齊針、套針、平金等新技術，大大豐富了刺繡的表現力。在色彩的使用上，也有很高的成就，在佛像臉部，能表現顏色暈染的效果。

敦煌發現的《釋迦說法圖》和日本的勸修寺的《釋迦說法圖》，都是用切針繡輪廓線，而以短套針繡肉體，表現暈染效果。

從釋迦說法的場景，今人可以感受到當時人們所憧憬的莊嚴淨土，也可以看出製作者對繡法有深厚的理解及熟練度。

閱讀連結

蠟染是古老的藝術，又是年輕的藝術，現代的藝術，它概括簡練的造型，單純明朗的色彩，誇張變形的裝飾紋樣，適應了現代生活的需要，適合現代的審美要求。

蠟染圖案以寫實為基礎。藝術語言質樸、天真、粗獷而有力，特別是它的造型不受自然形象細節的約束，進行了大膽的變化和誇張，這種變化和誇張出自天真的想像，含有無窮的魅力。圖案紋樣十分豐富，有幾何形，也有自然形象，一般都來自生活或優美的傳說故事，具有濃郁的民族色彩。

印紡工業：歷代紡織與印染工藝

錦上添花 近古時期

錦上添花 近古時期

　　從五代十國至元代是中國歷史上的近古時期。經過五代十國的戰亂，宋元時期的紡織業取得了長足的發展，很多方面已經達到當時世界紡織業工藝的先進水平。

　　宋代紡織技術豐富多樣，印染及刺繡工藝都達到了新的高度。元代回族織金錦納失失以及撒搭剌欺、蘇夫等，在中國乃至世界紡織技術史上都佔有重要地位。而以「烏泥涇被」為代表的元代棉紡技藝，將中國的棉紡業推向了一個新的歷史階段。

▌宋代紡織技術水平

■宋代華美的女子服飾

宋代的紡織技術在繼承前代尤其是漢唐紡織技術的基礎上繼續進步，無論是絲綢品種的織物組織與結構，或是絲綢服飾質料品種，都有了重大的發展，達到了高度發展的階段。

宋代紡織技術豐富多樣，紡織工具也很發達，現代織物組織學上所謂「三原組織」，即平紋、斜紋和緞紋至此均已具備。

並且將織金、起絨、挖花技術和緞紋組織結合起來，出現了大量的服飾質料新品種，這對現代紡織技術與絲綢服飾質料的進一步發展有著積極意義。

宋太祖趙匡胤結束了五代十國分裂割據的局面，建立了宋王朝，中國紡織工業進入一個新的歷史時期。

宋代是中國紡織技術發展的重要時期，紡織業已發展到全國的四十多個州。宋代紡織品有棉織品和絲麻織品。絲織

品中以羅居多，尤以花羅最有特色，此外還有綾、緞、印花及彩繪絲織品等。

宋代的棉織業得到迅速發展，已取代麻織品而成為大眾衣料。浙江省蘭溪南宋墓內曾出土一條完整的白色棉毯。棉毯兩面拉毛，細密厚暖。毯長二點五一米，寬一點一五米，經鑒定由木棉紗織成。

棉毯是獨幅的，從而證明歷史上曾存在「廣幅布」和闊幅織機。

從生產形態上看，紡織業在宋代之重大進步，就是「機戶」的大批湧現。所謂機戶是指由家庭成員組成的、專以紡織為生的家庭作坊，屬小商品生產者範疇。如浙江省金華縣，城中居民以織作為生，而且都很富有。更多的機戶是在城郊以至鄉村地區。

《永樂大典》中有一段關於機戶的材料說：南宋孝宗年間有個叫陳泰的人，他原是撫州布商，每年年初，向崇安、樂安、金溪和吉州屬縣的織戶發放生產性貸款，作為其織布本錢。

到夏秋之間去這些地方討索麻布，以供販賣。由於生意越做越大，各地有曾小陸等作為代理人，為陳泰放錢斂布。僅樂安一地就織布數千匹，為建倉庫就花去陳泰五百貫錢，有一定規模。

事實上，這種經營方式在淳熙之前就已持續相當時日了，並非偶發事件。

　　這就是說，布商陳泰的商業資本，透過給織戶發放帶有定金性質的生產性貸款而進入生產領域，而分散在城鎮鄉村的細小織戶的產品，則先由曾小陸等各地代理商集中起來，再由布商陳泰販賣到外地而成商品。這種生產形態，是當時情況的真實寫照。

　　宋代絲麻織品出土實物，主要有湖南省衡陽縣北宋墓中出土的大量絲麻織物，還有福建省福州出土南宋黃升墓中的遺物等。

　　衡陽縣北宋墓中出土的共有大小衣物及服飾殘片兩百件，有袍、襖、衣、裙、鞋、帽、被子等，質地有綾、羅、絹、紗、麻等。

　　紋樣豐富，在花紗、花羅、花綾的紋樣裝飾上，有大、小兩種提花織物，小提花織物紋樣主要由迴紋、菱形紋、鋸齒紋、連錢紋、幾何紋組成，花紋單位較小，還遺留著漢唐提花織物以細小規矩紋為圖案的裝飾風格。

　　大提花織物紋樣構圖複雜，生動流暢，多以動、植物為主題，用纏枝藤花、童子為陪襯，並點綴吉祥文字，與宋代建築、瓷器和銅鏡上的裝飾作風極為相似，在紗、羅衣襟殘片上，還發現圓扣和麻花形扣眼。

　　這豐富了對北宋時期裝飾工藝的認識，為研究北宋時期紡織技術提供了可靠的實物資料。

　　福州出土南宋黃升墓中的遺物多達四百八十件，有長袍短衣、褲、裙子、鞋、襪、被衾等，還有大量的絲織品衣物。

集中反映了南宋紡織工業水平和優秀的傳統紡織技藝，有平紋組織的紗、縐紗、絹，平紋地起斜紋花的綺，絞經組織的花羅，異向斜紋或變化斜紋組織的花綾和六枚花緞等品種，以羅居多，近兩百件。絹和綾次之，紗和縐紗數量較少。

羅和綾多是提花，有牡丹、山茶、海棠、百合、月季、菊花、芙蓉等，而以牡丹、芙蓉和山茶花最多，往往以牡丹或芙蓉為主體，伴以其他花卉組成繁簇花卉圖案。

這種寫實題材的表現形式，富有生活氣息。絹和紗則為素織。該墓還首次出土了紋緯松竹梅提花緞。

宋代絲麻織品中的絲綢及織造技術，主要反映在紗、羅、綺、綾、緞、錦這幾個種類上，它們集中反映出宋代絲織業的發展及工藝水平。

紗是平紋素織、組織稀疏、方孔透亮的絲織物，具有纖細、方孔、輕盈等特點。

在宋代，南方及江浙地區上貢的紗有素紗、天淨紗、暗花紗、粟地紗、茸紗等名貴產品。當時有代表性的輕紗為江西省德安周氏墓出土的黃褐色素紗以及褐色素紗，此邊部加密是為了便於織造生產，也是為保持布面的幅度，以利於裁剪成衣，其透孔率較高。

垮是從紗中分化出來的，也稱為「縐紗」，因此具有輕紗的特徵，而且在織物表面起皺紋。

縐紗一般都用於袍、衣的面料，南宋的縐在服飾外觀上效果尤佳，能很明顯地看出縐紗韌性很好，質地細軟輕薄，富有彈性，足見其當時織造技術達到了相當高的水平。

錦上添花 近古時期

羅是質地輕薄、絲縷纖細，經絲互相絞纏後呈椒孔的絲織物。換句話說，凡是應用絞紗組織的織物統稱為「羅」。

其實，早在殷商時期就有了利用簡單紗羅組織織製的絞紗織物，在唐代官府還專門設立了羅作。後來經過不同時期的發展，在宋代其織造技術已經達到較高的水平，其羅更是風靡一時，新品種大量出現，深受宋人青睞。

羅一般分為素羅與花羅：素羅是指經絲起絞的素組織羅，經絲一般弱捻，緯絲無捻，根據其特點分為二經絞羅和四經絞羅兩種；花羅是羅地出各種花紋圖案的羅織物總稱，也叫「提花羅」，花羅有二經絞羅、三經絞羅和四經絞羅三種。

從大量出土的服飾來看，大部分是用絞紗做原料裁製的。如江西德安周氏墓有羅襟如意花紋紗衫，是一種亮地平紋紗，由於其經緯較稀疏，經線纖細，因此具有良好的透明和輕柔的特點，經浮所起花紋若隱若現，明暗相間，風格獨特。

此外，在宋墓中出現了大量帶有圖案花紋的羅，如纏枝牡丹、芍藥、山茶、薔薇羅等。這種花卉的寫實題材，不僅生動活潑，而且裝飾花紋花回循環較大，更增添了服飾的裝飾藝術效果並給人以清新的美感。

這種花羅織造技術較一般提花織物複雜，需要一人坐在花樓上掌握提花工序，一人在下專司投梭、打緯，兩人協同操作，通絲數相應地增加。

由此可見，這種複雜的提花工藝在當時手工織機條件下顯得十分費時，也體現了宋代織造提花技術上的傑出成就。

兩宋最有名的羅當屬婺州和潤州的花羅以及常州織羅署出產的雲紋羅。

　　此外，方幅紫羅是當時杭州土產之一，為市民婦女所歡迎，婦女出門時常常以方幅紫羅障蔽半身，俗稱「蓋頭」。

　　綺是平紋地起斜紋花的提花織物，最早流行於漢代，唐代時綺仍為絲綢服飾質料中之佳品，唐代織染署就有專業工場來生產綺。

　　至宋代，綺仍受歡迎，如出土絲織品中的「吉祥如意」花綺、穿枝雜花綺、菱紋菊花、香色折枝梅紋綺、醬色松竹梅紋綺及球路印金羅襟寶紋綺衫等。

　　這些綺的總體特點為單色、素地、生織、煉染，使用一組經線和緯絲交織而成，質地鬆軟，光澤柔和，色調勻稱。

　　「米」字紋綺為宋代綺的代表品種之一，江蘇省武進宋墓及中「米」字紋，就是採用了由三上一下斜紋和五上一下斜紋組織顯花技術，用浮長不等斜紋組織組成的「米」字方格紋綺，質地紋樣非常清晰，對比強烈，地暗花明。

　　綾是斜紋地上起斜紋花的絲織物，其花紋看似冰凌的紋理。因此，在織物表面呈現出疊山形的斜紋形態成為綾的主要特徵。

　　綾是在綺的基礎上發展起來的，可見綾的出現比綺要相對晚些。從史籍記載來看，綾在漢代才出現，經過了三國兩晉南北朝與隋的大發展，綾盛極一時。

　　至唐代，綾發展到了新的高峰，當時官服採用不同花紋和規格的綾來製作，以區別等級，致使唐代成為綾織物的全盛時期。

　　北宋時期也將綾作為官服之用。由於當時朝廷內部大量的需求以及饋贈遼、金、西夏等貴族的綾絹需要，各地設立專門織造作坊，大大推動了綾織物及技術的發展。

　　如宋墓出土了大量的異向綾，採用地紋與花紋的變化組織結構，擺脫了一般綾織物單向左斜或右斜的規律，把左斜和右斜對稱地結合起來。

　　由於經向和緯向的浮長基本一致，配置比較得當，因此左右斜紋的紋路清晰可辨，質料手感良好，光澤柔潤，別具一種雅樸的風格。可見，織綾技術之精巧。

　　緞是在綾的基礎上發展起來的，是用緞紋組織作地組織的絲織物，它是中國古代最為華麗和最細緻的絲織物。南宋臨安的織緞，有織金、閃褐、閒道等品種。

　　用緞織成的織品，一般比平紋組織、斜紋組織的織品顯得更為平滑而有光澤，其織物的立體感很強。特別是運用織緞技術將不同顏色的絲線作緯絲時，底色不會顯得混濁，使花紋更加清晰美觀。

　　如福州宋墓中的棕黃色地松竹梅紋緞裌衣，雖緯緞組織還不是很規則，但在宋墓中是第一次發現，也證明了緞組織織物的出現。

錦是以彩色的絲線用平紋或斜紋的多重組織的多彩織物。作為豪華貴重的絲帛，其用料上乘，做工精細繁多，因此在古代只有貴人才穿得起它。

錦也成為中國古代絲帛織造技術最高水平的代表。

據文獻記載，北宋時出現了四十多種彩錦，至南宋時發展到百餘種，並且產生了在緞紋底子上再織花紋圖案的織錦緞，這就成為名副其實的「錦上添花」了。蘇州宋錦、南京雲錦及四川蜀錦等在當時中原地區都極負盛名。

宋錦是在宋代開始盛行的緯三重起花的重緯織錦，是唐代緯起花錦的發展，宋錦往往以用色典雅沉重見長。雲錦基本是重緯組織而又兼用唐以前的織成的織製方法，用色濃豔厚重，別具一格。

蜀錦提花準確，錦面平整細密，色調淡雅柔和，獨具特色。

如出土的茂花閃色錦，經緯組織結構和織製方法都比較奇特，一組組先染色的金黃、黃綠、翠綠等經絲，顯出層次豐富的閃色效果。

總之，宋代紡織技術達到了高度發展的階段。織造技術的豐富。使得豐富多彩的棉麻織品與富麗堂皇的絲織品得到了空前的發展，為宋代服飾的多樣化發展提供了條件。

閱讀連結

宋代織造工藝技術在花紋圖案、組織結構等方面都有所發展。據說，著名的壯錦也是起源於宋代。

　　宋代給官吏分七個等級發給「臣僚襖子錦」作為官服，分為翠毛、宜男、雲雁細錦、獅子、練鵲、寶照大花錦及寶熙中花錦七種。另外，還有倒仙、球路、柿紅龜背等。

　　如新疆維吾爾自治區阿拉爾出土的一件北宋時代織製的靈鷲雙羊紋錦袍，袍上的靈鷲雙羊紋樣，組織排列帶有波斯圖案的風格，這也說明宋代東西文化交流的影響結果。

▌宋代彩印與刺繡工藝

■宋代精美服飾

　　經過隋唐的發展，至宋代，紡織品服飾質料印染技術又達到了新的高度，有凸版印花彩繪和鏤空版印花彩繪，使顏

料印花工藝日臻完善。與此同時，夾纈與蠟染工藝技術也有新的發展。

宋代是中國手工刺繡臻至高峰的時期，無論是產品質量還是數量均屬空前，特別是在它開創純審美的藝術繡方面，更是獨樹一幟。

宋代彩印方法之一就是凸版印花。這種印花是在木模或鋼模的表面刻出花紋，然後蘸取色漿蓋印到織物上的一種古老的印花方法。

模版採用木質的稱為木版模型印花。模版上呈陽紋的稱凸版印花或凸紋型版顏料印花。

在版面凸起部分塗刷色漿，在已精練和平挺處理的平攤織物上，對準花位，經押印方式施壓於織物，就能印得型版所雕之紋樣。或將棉織物蒙於版面，就其凸紋處研光，然後在研光處塗刷五彩色漿，可以印出各種色彩的印花織物。

這種印花彩繪工藝主要運用於鑲在服飾花邊條飾上的紋飾，大多採用多種花譜，印繪相結合組成各種花紋圖案。它代替了傳統手工描繪方法，大大提高了服飾質料生產效率。

已經出土的宋代織衣中，有幾件的襟邊和袖邊運用了凸版印花彩繪工藝技術。

如：球路印金羅襟雜寶紋綺衫，襟邊寬六釐米，上有凸版泥金直印的球路印金圖案；印金折枝藥紋羅衫，襟邊寬六釐米，在其上有兩套金色花紋，其一為凸版泥金直印的雜寶花紋。

錦上添花 近古時期

　　羅襟長安竹紋紗衫，襟邊寬四點八釐米，上有凸版泥金直印的圖案。這幾件服飾的襟邊以素色為主，袖緣有彩繪技術的應用。

　　宋代在服飾花邊常運用這一技術。如：在袍的對襟花邊裡，有印花彩繪百菊花邊、印花彩繪鸞鳳花邊；在單衣、裌衣的對襟花邊裡，有印花彩繪芙蓉人物花邊、印花彩繪山茶花邊。

　　在裙緣的花邊裡，有印花彩繪飛鶴彩雲花邊等。在單條花邊裡，有印花彩繪蝶戀瓔珞花邊、印花彩繪牡丹鳳凰花邊等。

　　鏤空版印花彩繪是在平整光潔的硬質木板或硬紙板上，鏤雕花紋，然後將花版置於坯料之上，於鏤空部分塗刷色漿，移去花版後呈現出所需花紋。印花所用的顏料，用黏合劑調配。

　　鏤空版印花彩繪方法有四種工藝，即植物染料印花、塗料印花、膠印描金印花和灑金印花。其中描金和印金是前所未有的印花工藝，前者是將鏤空版紋飾塗上色膠，在織物上印出花紋，配以描金勾邊，印花效果更佳。

　　後者則是將鏤空花版上塗上有色彩的膠黏劑印到織物上，待色膠未乾時在紋樣上灑以金粉，乾後抖去多餘金粉而成，它和凸版花紋相比，花紋線條較粗獷，色彩較濃，有較強的立體感。

　　宋代的緙絲以緙絲工藝家朱克柔的《蓮壙乳鴨圖》最為精美，是聞名中外的傳世珍品。

在江西省南宋周氏墓出土的服飾中，有六件服飾採用了該項印花彩繪工藝技術。其中印花折枝花紋紗裙最具風格特點，其裙面上印有較完整的花紋，分藍綠色、灰白色及淺淡灰白色三套色，並以鏤空版直接印成。

尤其是藍綠色印製效果最佳，色漿的滲透附著絕佳，呈現出兩面印花的良好效果。

周氏墓還有出土的印花絹裙、印金羅襟折枝花紋羅衫、樗蒲印金折枝花紋綾裙、印花襟駝色羅衫、印花羅裙等。

此外，在福州南宋墓出土的鑲有絢麗奪目的花邊服飾類衣袍中，獅子戲綵球紋樣花邊是應用鏤空版印花與彩繪等工藝的印花製品。

它先用色漿和鏤空版印出主要紋樣作為輪廓，緊接著在輪廓中依次分別用顏料進行彩繪，使花邊的紋樣既有固定花位，又有接版循環，從而提高了印製效果，大大豐富了服飾花邊紋樣的設計風格。

宋代是手工刺繡發達臻至高峰的時期，特別是在開創純審美的畫繡方面，更堪稱絕後。宋代刺繡工藝已不單單是繡在服飾上，而是從服飾上的花花草草發展到了用來純欣賞性的刺繡畫、刺繡佛經、刺繡佛像等。

宋代設立了文繡院，當時的繡工約三百人。

宋徽宗年間又設繡畫專科，使繡畫分類為山水、樓閣，人物、花鳥，因而名繡工相繼輩出，使繪畫發展至最高境界，並由實用進而為藝術欣賞，將書畫帶入手工刺繡之中，形成

獨特之觀賞性繡作。朝廷的提倡，使原有的手工刺繡工藝顯著提高。

宋代改良了工具和材料，使用精製鋼針和發細絲線，針法極細密，色彩運用淡雅素靜。針法在南宋已達十五六種之多。

宋代的刺繡還結合書畫藝術，以名人作品為題材，追求繪畫趣致和境界。為了能使作品達到書畫之傳神的意境，人們在繡前需先有計劃，繡時需度其形勢，趨於精巧。

現在保存的宋代刺繡作品，如《秋葵蛺蝶圖》、《倫敘圖》、《老子騎牛像》、《雄鷹圖》、《黃筌畫花鳥芙蓉、翠鳥圖》、《佛說圖袈裟》、《佛說圖袈裟》，在一定程度上代表了宋代刺繡的藝術水準。

《秋葵蛺蝶圖》為扇形冊頁。畫面主要以平針繡成，落在花瓣上的蝴蝶黑白相間，淡黃色的秋葵似在搖曳，均以錯針鋪繡。葉子用從中間向葉尖運針，在於其中勾出葉脈。色調柔和，將繪畫筆意表現得淋漓盡致。

《倫敘圖》以鳳凰、鴛鴦、鶺鴒、鶯、鶴飛翔棲息於日、水、芙蓉、竹、梧桐間，暗喻五倫典故。主要用戳紗繡繡成，色線深淺暈染出層次豐富的色調，具有強烈的紋質感和裝飾效果。

《老子騎牛像》為米色綾地彩繡，畫面多用捻線短針交錯繡成。

老子五官用填充繡法，凸出繡面，面容具凹凸感；鬍鬚用白色絲線接針繡成；衣紋則用綵線勾勒，轉折分明；牛鼻

用打籽點針法；牛毛用細捻絲線表現出牛毛渦旋狀，十分逼真；牛尾用雙股粗線盤繡，更具質感。

《雄鷹圖》為藍色綾地綵線繡。全幅繡線劈絲極細，繡工精細，能得雄鷹之威猛神態。鷹爪皮膚的粗糙堅實表現，出神入化。鷹身羽毛繡工最精。

《黃筌畫花鳥芙蓉、翠鳥圖》以黃筌畫冊原尺寸大小繡製。翠鳥停立蘆草，芙蓉盛開。繡法以長短針，依花葉不同翻轉和色彩變化交替運針，達到十分逼真的效果。

《佛說圖袈裟》以絹為地，畫繡結合。江水蘆葦為筆繪，達摩為絲線繡製。達摩外衣用黃線繡，內衣用藍線繡。針法以齊針為主，針線細密。這種畫繡結合的技法對後世的顧繡有很大影響。

《佛說圖袈裟》是一件屏風式袈裟，在黃色絹和素色羅合成地上繡成。此片繡件以淺綠色綾為邊，中繡月輪中玉兔和桂樹。

四周裝飾海水、雲朵、纏枝番蓮、花草等紋樣。月輪主體為滿繡，其他用平針繡的齊針、接針、盤切針，再加上鎖繡中的辮子股和打籽繡，繡線簡潔粗放，頗具樸拙之美。

閱讀連結

宋徽宗在位時將畫家的地位提到在中國歷史上最高的位置，成立翰林書畫院，即當時的宮廷畫院。以畫作為科舉升官的一種考試方法，每年以詩詞作為題目曾刺激出許多新的創意佳話。

印紡工業：歷代紡織與印染工藝

錦上添花 近古時期

　　如題目為「山中藏古寺」，許多人畫深山寺院飛簷，但得第一名的沒有畫任何房屋，只畫了一個和尚在山溪挑水；另題為「踏花歸去馬蹄香」，得第一名的沒有畫任何花卉，只畫了一人騎馬，有蝴蝶飛繞馬蹄間，凡此等等。

　　這些都極大地刺激了中國畫意境的發展。

　　元代回族織金技術，是中國乃至世界紡織史上的重要組成部分。其中的回族織金錦納失失，是中亞、西亞波斯、阿拉伯等國家織金錦技術與中國織金錦技術高度融合的產物，它精美華貴，顯示出典型的民族特色。

■元代織金錦

　　此外，元代織品還有其他可觀的技術成果，如撒搭剌欺、蘇夫等。它們也是元代的重要服飾，有的還達到了世界一流技術水平。

元代回族織金技術

　　元代回族紡織技術，是中華民族紡織技術文化與中亞、西亞波斯、阿拉伯等民族紡織技術文化長期交流、融合、發展的產物。

　　從其製造技術的歷史文化淵源來看，一方面它是中國古代紡織技術工匠，對中國紡織技術的繼承和對阿拉伯、波斯紡織技術的吸收與發展的結果；另一方面是波斯、阿拉伯的工匠，對阿拉伯、波斯紡織技術的繼承和對中國紡織技術的吸收與發展的結果。

　　元代回族紡織主要成就是織金錦納失失和撒達剌欺、蘇夫等。這些成就，在回族紡織歷史上具有極為重要的地位，代表著回族紡織技術的形成，為後來明清時期的回族紡織技術中國化奠定了基礎。

　　「納失失」也稱「納石失」、「納赤思」、「納失思」，波斯文的音譯，是產於中亞、波斯、阿拉伯地區的一種金絲織物，元代也叫「金搭子」，現代學者一般稱為「織金錦」、「繡金錦緞」或「織金錦緞」等。

　　它主要是將金線或金箔和絲織在一起的新工藝產品。金箔織的叫「片金錦」，金線織的叫「捻金錦」，還有金粉染絲織的叫「軟金錦」。

　　片金錦是將長條金箔加在絲線中，和彩色棉線作為紋緯顯花，絲線作為地緯；捻金錦是以絲線為胎，外加金箔而成的金縷線作紋緯顯花，棉線作為地緯，織造工藝十分精巧，

花紋圖案，線條流暢，絢麗奪目；軟金錦是用絲線染以金粉而成的金線織成。

這幾種金錦在織時，通常用金線、紋線、地緯等三組緯線組成，稱地結類組織，也常有加特結經的情況，金線顯花處有變化平紋、變化斜紋。

用長條或片金箔加織在絲線中而成的錦，金光燦爛，風采奪目，十分高貴。用捻金線和絲線交織而成的錦，色澤雖淡，但堅固耐用，深受蒙古王公、貴族的歡迎。

因此，蒙古王公、貴族們在參加蒙古盛行的「質孫宴」時，都要穿皇帝賜給的用「納失失」做成的高貴衣服。

元代回族納失失的最主要的技術，是把中亞、西亞的特結經技術發揮到了極致。因而織成的納失失織金錦，既具有濃郁的中亞風格，又滲入了中國傳統的圖案題材。

如在內蒙古達茂旗明水鄉出土的異文織錦，是一件極為罕見的平紋緯二重組織織物。圖案呈橫條狀，黃地紫色勾邊，主花紋處有只有夾經，是第三緯沒有織入的平紋緯二重組織織物。

這件織金錦的圖案非常罕見，其主花帶是有直線和曲線連成的以圓形為主的幾何花紋，還是一種無法解釋的阿拉伯文的變體，不能確定。

元代納失失有兩大類。一是由波斯、阿拉伯織造的具有波斯、阿拉伯文化特色的納失失；二是由波斯、阿拉伯等西域織金工匠和中國織金工匠一起，在中國織造的中國式納失失。

中國式納失失將中國草原特色服飾文化與波斯、阿拉伯伊斯蘭特色文化精髓融合的中國式納失失，是元代最精美高貴的織金錦，體現了當時世界的最高水平，因而也成為元代皇帝給上層貴族、碩勛官員、侍衛樂工賜造服飾的特定質料。

元代以納失失製作的服飾種類較多，主要有朝服、祭服和質孫服。其中質孫服是皇帝特賜的專用服，最有特色，用量也最大。

元代質孫宴，既是元代回族織金錦織造技術和納失失服飾文化的體現，也是大元王朝宴饗之禮最高規格的體現，是元代皇親國戚、碩勛功臣富貴象徵的映射。凡是無皇帝賜賞納失失服的人，是沒有資格參加質孫宴的。

元代規定：天子質孫冬服有十一等，第一為納失失；質孫夏服有十五等，第一為答納都納失失，第二為速不都納失失；百官質孫冬服九等，第一為大紅納失失；質孫夏服十四等，第一為素納失失，第二為聚線寶里納失失。

天子、官員在穿質孫服時，衣、帽、腰帶是配套的，同時衣、帽、腰帶上都裝飾有珠翠寶石。

因此，天子服冬服納失失時，戴金錦暖帽，穿夏服答納都納失失時，戴寶頂金鳳鈸笠冠，穿速不都納失失和其他納失失時，則戴珠子卷雲冠。這些穿戴，證明元代納失失服飾確實具有高超的工藝水平。

元代歡慶各種節日的宴會，每年舉行十三次，因此每個怯薛在不同的節日，不同的時間，穿不同的納失失服。這些美麗的服飾，把宴會裝扮得燦爛莊嚴，富麗輝煌。

錦上添花 近古時期

質孫宴上各方諸侯還要向皇帝進獻貴重之禮。入貢的裝飾富麗的白馬十餘萬匹，身披甚美錦衣，背負金藻美匣，內裝金銀、玉器，精美甲冑的大象五千餘頭。身披錦衣的無數駱駝，負載日用之需，列行於大汗之前，構成世界最美的奇觀。

由上可知，以元代回族織金錦納失失製成的服飾十分精美、高貴，是皇帝御賜參加質孫宴的特定服裝。因此，它集中體現了中國元代織金錦織造技術與製服技術，在中國織金錦服飾文化發展史上具有特殊的意義。

元代回族織金錦納失失，除製成精美高貴的質孫宴服飾外，還製成與之配套的精美高貴帽子、腰帶，有的還用來裝飾車馬和玉璽綬帶外，同時還製有精美的錦帳。

比如成吉思汗行獵時，規模宏大，以納失失裝飾的織金錦帳，富麗堂皇，精美迷人，有上萬個，其中供官員朝會的織金大帳能容萬人。別兒哥、旭烈兀的金錦幕帳富麗無比，後無來者。脫脫、納海金錦美麗幕帳無數，儼若富強國王的營壘。

這些精美華麗的金帳，與藍天、白雲、草原、牛羊、人群、馬隊，組成天地間的最美麗的圖畫，也是天、地、人最優美的交響曲，由此也衍生出了聞名於世的「金帳汗國」。

元代回族織金錦納失失織造技術，首先是在中國唐、宋、金織金錦技術的基礎上發展起來的，是中國織金錦發展史上最具獨特風格的燦爛篇章，也是中國大元盛世政治、經濟、

文化的直接表現形式和中華悠久歷史文明直接孕育的結晶之一。

其次，元代回族織金錦納失失，也是波斯、阿拉伯織金錦技術與伊斯蘭文化的直接產物，如果沒有中亞、西亞信仰伊斯蘭教的織金綺紋工參加，沒有中亞、西亞濃郁的民族特色文化的傳入，如果沒有中亞、西亞大量的信仰伊斯蘭教的人移入，就不會有元代回族織金錦「納失失」的燦爛輝煌。

因此，才使元代回族織金錦納失失，在中外織金錦技術與文化交流史上佔有特殊的地位，產生了重大的歷史影響。

元代回族除了織金錦納失失，還有其他可觀的紡織品及其製造技術成果。如撒搭剌欺、蘇夫、毛里新、納克、速夫等。

「撒搭剌欺」是中亞不花剌以北的撒搭剌地方出產的一種衣料。「不花剌」今譯布哈拉，屬烏茲別克。

根據《世界征服者史》記載，我們可以肯定，撒搭剌欺是一種具有明顯地方特色的棉布料或不帶織金的絲織品，其價值與其他的棉織品差不多，是僅次於織金錦納失失的一種高級衣料。

成吉思汗時，中亞商人販運織金料子、棉織品、撒搭剌欺及其他種種商品，前來貿易，成吉思汗給每件織金料子付一個當時的金巴里失，每兩件棉織品和撒搭剌欺付一個銀巴里失。巴里失是成吉思汗時代蒙古的貨幣單位，一巴里失大概折合二兩銀幣。

在當時，忽氈的撒搭剌欺與波斯的納失失有質的區別，但兩種都是中亞絲棉織造技術的精品。忽氈的撒搭剌欺製造

技術傳入元代時，元代朝廷十分重視，改組人匠提舉司為撒搭剌欺提舉司，專門負責此項事宜。

成吉思汗攻占中亞、西亞的主要城市後，把大量織造納失失、撒搭剌欺的工匠移入中國。

從此，波斯納失失的織金技術，不花剌撒搭剌欺的絲織技術不斷傳入中國，並與中國的絲織技術相結合，生產出更加高雅、名貴、富麗的納失失、撒搭剌欺，以及長安竹、天下樂、雕團、宜男、寶界地、方勝、獅團、象眼、八答韻、鐵梗襄、荷花等十樣錦。

這些織物，印染之工，織造之精，刺繡之美都達到了極致。從而使元代紡織業的織金棉技術不僅遠遠超過了唐宋，而且遠遠超過了中亞、西亞等地，居世界一流水平。

速夫、毛里新、納克、速夫等均是毛織品，其製造技術也來自中亞，其中速夫最有名。

「速夫」本是波斯的音譯，也有人譯為「蘇非」，原指波斯人穿的一種羊毛織成的長毛呢。速夫傳入中國後，也深受蒙古王公貴族的極度歡迎，也是王公貴族參加宴會時，穿的一種僅次於納失失的重要服飾。

元代為了大量生產速夫，在河西等地設置織造毛段匠提舉司，負責織造速夫等精毛產品。

閱讀連結

元代王公貴族的每次宴會，赴宴者的服裝從皇帝到衛士、樂工，都是同樣的顏色，但粗精、形制有嚴格的等級之別。

據說，在選舉窩闊臺長子貴由繼汗位的宴會期間，所有的蒙古貴族，第一天，都穿白天鵝絨的衣服；第二天，穿紅天鵝絨的衣服；第三天，穿藍天鵝絨的衣服；第四天，穿最好織錦衣服。

在宴會上，除皇帝、宗室、貴戚、大臣等穿納失失外，皇帝的衛士、樂工、儀仗隊也穿不同等級和制式的納失失服飾。

元代烏泥涇棉紡技藝

■黃道婆紡織蠟像

烏泥涇手工棉紡織技藝，源於黃道婆自崖州帶回的紡織技藝。元代勞動婦女黃道婆，把在崖州學到的紡織技術帶回故鄉並進行改革，提高了紡紗效率，也使棉布成為廣大人民普遍使用的衣料。

印紡工業：歷代紡織與印染工藝

錦上添花 近古時期

　　黃道婆對棉紡織工具進行了全面的改革，製造了新的擀、彈、紡、織等工具，刷新了棉紡業的舊面貌，促進了元代棉紡織業的發展。黃道婆對紡織業的貢獻為後世所讚譽。

　　元代烏泥涇棉紡技藝，是透過黃道婆的推廣和傳授，在烏泥涇形成的織被方法。當時的「烏泥涇被」工藝精湛，廣泛受到人們的喜愛。

　　黃道婆的辛勤勞動對推動當地棉紡織業的迅速發展，烏泥涇所在地松江一帶，也成了元代全國的棉織業中心。

　　黃道婆是元代松江府烏泥涇鎮人，出生於貧苦農民家庭，在生活的重壓下，十二三歲就被給富貴人家當童養媳。白天她下地幹活，晚上紡紗織布到深夜，還要遭受公婆、丈夫的非人虐待。沉重的苦難摧殘著她的身體，也磨煉了她的意志。

　　有一次，黃道婆被公婆、丈夫一頓毒打後，又被關在柴房不准吃飯，也不准睡覺。她再也忍受不住這種非人的折磨，決心逃出去另尋生路。

　　半夜，她在房頂上掏洞逃了出來，躲在一條停泊在黃浦江邊的海船上。後來就隨船到了海南島的崖州，就是現在的海南省崖縣。

　　在封建社會，一個從未出過遠門的年輕婦女隻身流落異鄉，人生地疏，無依無靠，面臨的困難可想而知。但是淳樸熱情的黎族同胞十分同情黃道婆的不幸遭遇，接受了她，讓她有了安身之所，並且在共同的勞動生活中，還把本民族的紡織技術毫無保留地傳授給她。

當時黎族人民生產的黎單、黎幕等聞名海內外，棉紡織技術比較先進。黎單是一種用作臥具的雜色織品，黎飾是一種可做幛幕的精緻紡織品。

黃道婆聰明勤奮，虛心向黎族同胞學習紡織技術，並且融合黎漢兩族人民的紡織技術的長處，逐漸成為一個出色的紡織能手，在當地大受歡迎，和黎族人民結下了深厚的情誼。

在元仁宗年間，黃道婆從崖州返回故鄉，回到了烏泥涇。當時，中國的植棉業已經在長江流域普及，但紡織技術仍然很落後。松江一帶使用的都是舊式單錠手搖紡車，功效很低，要三四個人紡紗才能供上一架織布機的需要。

黃道婆看到家鄉棉花紡織的現狀，決心致力於改革家鄉落後的棉紡織生產工具。她跟木工師傅一起，經過反覆試驗，把用於紡麻的腳踏紡車改成三錠棉紡車，使紡紗效率一下子提高了兩三倍，而且操作也很省力。

這種新式紡車很容易被大家接受，在松江一帶很快地推廣開來。

在黃道婆之前，脫棉籽是棉紡織進程中的一道難關。棉籽黏生於棉桃內部，很不好剝。

十三世紀後期以前，脫棉籽有的地方用手推鐵棍碾去，有的地方直接用手剖去籽，效率相當低，以致原棉常常積壓在脫棉籽這道工序上。黃道婆推廣了軋棉的攪車之後，工效大為提高。

黃道婆除了在改革棉紡工具方面作出重要貢獻以外，她還把從黎族人民那裡學來的織造技術，結合自己的實踐經驗，

總結成一套比較先進的「錯紗、配色、綜線、絜花」等織造技術、熱心向人們傳授。

黃道婆在棉紡織工藝上的貢獻，總結起來主要體現在捍、彈、紡、織幾個方面：

捍的工藝，廢除了用手剝棉籽的原始方法，改用攪車，進入了半機械化作業。

彈的工藝，廢除了此前效率很低的一點五尺長彈棉弓，改用四尺長裝繩弦的大彈弓，敲擊振幅大，強勁有力。

紡的工藝，改革單錠手搖紡車為三錠腳踏棉紡車，生產效率大大提高。

織的工藝，發展了棉織的提花方法，能夠織造出呈現各種花紋圖案的棉布。

中國元代農學家、農業機械學家王禎在他的《農書》中記載了當時的棉紡織工具。其中有手搖兩軸軋擠棉籽的攪車，有竹身繩弦的四尺多長的彈弓，有同時可紡三錠的腳踏紡車，有同時可繞八個棉紅的手搖軒車等。

這些工具的製作和運用，說明黃道婆在提花技術方面已能熟練地使用花樓。

黃道婆在實踐中改進了捍、彈、紡、織手工棉紡織技術和工具，形成了由碾籽、彈花、紡紗到織布最先進的手工棉紡織技術的工序。從此，她的家鄉松江一躍而為全國最大的棉紡織中心。

當時烏泥涇出產的被、褥、帶、帨等棉織物，上有折枝、團鳳、棋局、字樣等各種美麗的圖案，鮮豔如畫。一時間，「烏泥涇被」不脛而走，附近上海、太倉等地競相仿效。這些紡織品遠銷各地，很受歡迎，歷幾百年久而不衰。

　　烏泥涇的印染技藝也很著名。當地出產的扣布、稀布、標布、丁娘子布、高麗布、斜紋布、鬥布、紫花布、刮成布、踏光布等，還有印染的雲青布、毛寶藍、灰色布、彩印花布、藍印花布等，都和「烏泥涇被」一樣享有盛譽。

　　棉花種植的推廣和棉紡織技術的改進是十三至十四世紀中國經濟生活中的一件大事。它是當時社會生產力發展的一個標記，改變著中國廣大人口衣著的物質內容，改變著中國農村家庭手工業的物質內容。

　　黃道婆的棉紡織技藝改變了上千年來以絲、麻為主要衣料的傳統，改變了江南的經濟結構，催生出一個新興的棉紡織產業，江南地區的生活風俗和傳統婚娶習俗也因之有所改變。

　　這件事對十四世紀以後中國社會經濟的發展和變化具有重大的影響，烏泥涇手工棉紡織技藝是中國紡織技術的核心內容之一。黃道婆及手工棉紡織技術，是不斷發展中的中國紡織技術的一個縮影。不僅體現漢、黎兩族的勞動智慧結晶，而且促進了各民族之間的交往。

閱讀連結

　　在黃道婆的故鄉上海縣華涇鎮北面的東灣村，有一座黃道婆墓。始建於元代，幾度滄桑。

印紡工業：歷代紡織與印染工藝

錦上添花 近古時期

　　在黃道婆的故鄉的一座黃母祠裡，有一尊黃道婆的塑像：一位辛勞而慈祥的農村婦女，手持棉花，頭紮布巾，凝視端坐，樸素而又莊重。

　　那一帶的民謠唱道：「黃婆婆，黃婆婆！教我紗，教我布，兩只筒子兩匹布。」

錦繡時代 近世時期

　　明清兩代是中國歷史上的近世時期。這一時期，中國的印紡業有了長足發展，取得了令人矚目的成績。

　　明代織染工藝從技術到工具都達到了新的高度，清代絲織品雲錦、棉紡品紫花布和毛紡品氆氌都馳名中外。

　　而被稱為「中國四大名繡」的蘇繡、湘繡、粵繡、蜀繡以其本身所具有的鮮明藝術特色，向世人顯示出中國刺繡工藝獨特的魅力，享譽海內外。

▌明代紡織印染工藝

■穿著各種服飾的明代人

明代的紡織業，無論是紡織工具還是紡織技術都達到新的高度，織物的品種較之元代更加豐富，湧現了許多色彩和圖案獨具特色的極具審美價值的產品。

明代的染織工藝，除了傳統的絲、麻、毛等染原料仍被廣泛應用外，棉花的生產和織造，在這時期已經取得了代替絲、麻的地位，成為人們服飾的主要染織品。

明代紡織品種極為豐富，包括絲、麻、毛、棉幾種，其中尤其以絲織工藝最高。

明代絲織品中的錦緞，紋樣一般單純明快，氣魄豪放，色彩飽滿，講究對比。江浙一帶出產的明錦，以緞地起花，質地較厚，圖案花頭大，造型飽滿茁壯，故名「大錦」；其

色彩瑰麗多姿，對比強烈，尤多使用金線，輝煌燦爛猶如天空之雲霞，故又稱「雲錦」。

江浙出產的明錦是明朝宮廷的專用織品，多用於製作帳幔、鋪墊、服裝和裝裱等。其中，以織金緞和妝花緞最為名貴。

織金緞是從元代的「納失失」發展而來的。它的圖案設計花滿地少，花紋全用金線織就，充分利用金線材料達到顯金的效果。

妝花緞為明初新創，它將一般通梭織彩改成分段換色，以各色彩緯用「通經斷緯」的方法在緞地上妝花。它是明代織造工藝中最為複雜的品種，特點是用色多，可以無限制地配色，一件織物可以織出十種乃至二三十種顏色。

而圖案的主體花紋又往往是透過兩個層次或三個層次的顏色來表現，色彩的變化十分豐富，非常精美富麗，藝術性也最高。

明代蘇州產的錦緞是在唐代緯錦織造技術的基礎上發展起來的，是一種緯三重起花的重緯織錦。它質地薄，花紋細，多仿宋錦圖案和宋代建築的彩繪圖案，用色古雅，故稱「宋式錦」。

主要圖案是在幾何紋骨架中添加各種團花或折枝小花，花頭較小，故又稱「小錦」。這種錦緞圖案古樸規整，色彩柔和文雅，常用於裝潢書畫，故又有「匣飾」之稱。

明代的在福州出現一種絲織品，名為「改機」。它將原先與蘇州相同的兩層錦改為四層經線、兩層緯線的平紋提花織物。

這種織物不僅質薄柔軟，色彩沉穩淡雅，而且兩面花紋相同。它有妝花、織金、兩色、閃色等各種品種，多用來做衣服與書畫的裝潢。

絨是指表面帶有毛絨的一類絲織物。明代已有織絨、妝花絨、緙絲絨、漳絨等品類。

其中妝花絨又名「漳緞」，原產於福建省漳州，它以貢緞的織物作地，多為杏黃、藍、紫色，而以妝花錦的圖案起絨，絨花則多為黑色、藍色。漳絨又名「天鵝絨」，明代大量生產，有暗花、五彩、金地等各種品種，常用來做炕毯和墊子。

明代緙絲技術有了進一步發展，不僅大量採用金線和孔雀羽毛，而且出現了雙子母經緙絲法，可以隨織者的意圖安排畫面的粗細疏密，也可以隨題材內容的不同而變換織法，使織物更加層次分明，疏密有致，而富於裝飾性。

緙絲的應用範圍也更加廣泛，除去傳統的畫軸、書法、冊頁、卷首、佛像、裱首之外，袍服、幛幔、椅披、桌圍、掛屏、坐墊、裝裱書畫等也無不採用，並出現了一些前所未見的巨幅製作。

如《瑤池集慶》圖高達二點六米，寬二點〇五米；《趙昌花卉》圖卷也長達二點四四米，寬零點四四米。

明錦紋樣豐富多彩。內容有四類：雲龍鳳鶴類、花鳥草介類、吉祥博古類、幾何文字紋類。

雲龍鳳鶴類比重大、變化多。雲紋有四合雲、如意形組合，七巧雲、魚形雲兼水波變化，還有樹形雲、花形雲等。

龍紋由牛頭貓耳、蝦目、獅鼻、驢口、蛇身、鷹爪、魚尾等構成，有雲龍、行龍、團龍、坐龍、升龍、降龍等；鳳紋有雲鳳、翔鳳、丹鳳朝陽、鳳穿花枝等；鶴紋有雲鶴、團鶴、松鶴延年等。

花鳥草介類受繪畫影響。有「歲寒三友」松竹梅、梅蘭竹菊「四君子」、「富貴萬年」芙蓉、桂花萬年青、「盛世三多」佛手、仙桃、石榴、「宜男多子」萱草、石榴、「喜上眉梢」喜鵲登梅、「青鸞獻壽」鸞鳳銜桃、「靈知增祿」鹿銜靈芝、「福從天來」蝙蝠祥雲、「連年有餘」蓮花金魚、「金玉滿堂」金魚海棠等。

吉祥博古類以多以器物喻義，有「平升三級」瓶插三戟。

「八寶」指的是寶珠、方勝、玉磬、犀角、金錢、菱鏡、書本、艾葉等；

「八仙」指的是扇、劍、葫蘆拐杖、道情筒拂塵、花籃、雲板、笛、荷花等；

「八吉」是舍利壺、法輪、寶傘、蓮花、金魚法螺、天盤長等。

多與儒、道、釋三教有關。

幾何文字紋類發展傳統，有萬字格、鎖子、迴紋、龜背、盤條、如意、樗蒲、八達暈等。

字有福、壽、祿、禧、萬、吉、雙喜，「五福捧壽」五幅壽字團花，「吉祥如意」篆書吉語等。

圖案組織有：

「團花」，有團龍、圖鶴、雲紋、牡丹、燈籠、魚紋、樗蒲等，圖案規範化；

「折枝」有鴛鴦戲水、瑞鵲銜花、乾枝梅、秋葵等。

取繪畫形式：纏枝最為流行，連續波伏骨架間列花朵卷葉，早期花葉相稱協調，晚期葉小花大顯枝莖，承傳統發展。幾何形規則而程式化。

明代的麻織工藝，在中國的東海地區有很大的發展。麻布的品類也比較多，有麻布、苧布、葛布、蕉布等。生產最著名的地區有江蘇省的太倉、鎮江，福建省的惠安，廣西壯族自治區的新會等地。

此外，在中國西南少數民族地區，還生產一種著名的「絨錦」。它是用麻做經，用絲做緯，織成無色絨。出產在貴州省等地。

明代毛織品較少，主要是地毯，多為白地藍色花紋，而已黑色為邊，毛散而短。明清時期以後，中原內地和邊疆生產的毛毯，除供達官貴人們享用外，也開始向歐洲出口。

明代的棉織工藝，在元代發展的基礎上，特別是黃道婆對棉織技術的傳播後廣泛發展的基礎上，有著迅速的提高，

生產幾乎遍及全國。最著名的仍為江南一帶，其中特別是江蘇省產量很大，織地優美，成為全國棉織工藝的中心。

棉布的品種不斷增加，僅江蘇省一地所產的布就有龍墩、三棱、飛花、榮斑、紫花、眉織、番布、錦布、標布、扣布、稀布、雲布、絲布、漿紗布、衲布等多種。

其中，龍墩布輕薄細軟，經過改進的雲布精美如花絨，三棱布薄而軟，丁娘子布光如銀，都是很受歡迎的精美織品。

蘇州產的有藥斑、刮白、官機、縑絲、斜紋等品種。當地的織工，將不少絲織物的織造方法引入到了棉紡織中，使工藝更加精進。

明代染織品的用途，主要分為三種：一是作為冠服；二是製帛；三是誥敕。明代設有顏料局，掌管顏料。由於配色、拼色工藝方法的進一步發展，顏料和染劑品種也較前有顯著的增加。

據宋應星《天工開物·彰施》記載，當時已能染製大紅、蓮紅、桃紅、銀紅、水紅、木紅、紫色、赭黃、金黃、茶褐、大紅官綠、豆綠、油綠、天青、葡萄青、毛青、翠藍、天藍、玄色、月白、草白、象牙、藕荷等四五十種顏色，色彩經久不變，鮮艷如新。不僅普遍流行單色澆花布，還能製作各色漿印花布。

當時用豬胰等進行脫膠練帛和精煉棉布的方法，使得織物外觀的色澤更加柔和明亮。這是在印染工藝中首次運用的生物化學技術。

此外，邊陲地區的少數民族在紡織和印染技術方面也有相當的發展。如西北少數民族的地毯、壁毯、回回錦、和田綢，西南少數民族的苗錦、侗錦、壯錦、土錦，苗族、布依族、土家族的蠟染等，均具有濃郁的地方風味和鮮明的民族審美特點，擁有強大的生命力。

閱讀連結

《金瓶梅》以宋代徽宗當政時期為故事背景，實際上寫的是明代嘉靖年間發生在古大運河山東境內一帶的社會世情故事。書中最引人注意而饒有興趣的，是所寫到的各種各樣的絲、棉、絨織品，真令人眼花繚亂，難以計數。

例如，紡織品有鸚哥綠紵絲襯襖，玄色紵絲道衣，白鷳紵絲，青織金陵綾紵等；棉布有毛青布大袖衫，好三梭布，大布，白布裙，玄色焦布織金邊五彩蟒衣等。此外還有很多，可見當年中國紡織業之興盛繁榮。

▌清代絲織雲錦工藝

在古代絲織物中，「錦」是代表最高技術水平的織物。而江寧織造局紡織的雲錦集歷代織錦工藝藝術之大成，與四川省成都的蜀錦、江蘇省蘇州的宋錦、廣西壯族自治區的壯錦並稱「中國四大名錦」。

江蘇省南京雲錦具有豐富的文化和科技內涵，被專家稱作是中國古代織錦工藝史上最後一座里程碑，公認為「東方瑰寶」、「中華一絕」。也是漢民族和全世界最珍貴的歷史文化遺產之一。

■南京龍紋雲錦

　　清代，江南成為最為重要的絲織業中心。清朝朝廷在江南設立三個織造局，史稱「江南三紡造」，負責皇帝所用、官員所用、賞賜以及祭祀禮儀等所需的絲綢。其中以「江寧織造局」所織雲錦成就最高。

　　因為清代的「江寧」就是現在的南京，故被後人稱為「南京雲錦」。

　　南京雲錦工藝獨特，用老式的提花木機織造，必須由提花工和織造工兩人配合完成，兩個人一天只能生產五六釐米，這種工藝至今仍無法用機器替代。

　　其主要特點是逐花異色，通經斷緯，挖花盤織，從雲錦的不同角度觀察，繡品上花卉的色彩是不同的。由於被用於皇家服飾，所以雲錦在織造中往往用料考究、不惜工本、精益求精。

　　南京雲錦是用金線、銀線、銅線及長絲、絹絲，各種鳥獸羽毛等用來織造的，比如皇家雲錦繡品上的綠色是用孔雀羽毛織就的，每個雲錦的紋樣都有其特定的含義。

印紡工業：歷代紡織與印染工藝

錦繡時代 近世時期

　　如果要織一幅零點七八米寬的錦緞，在它的織面上就有一點四萬根絲線，所有花朵圖案的組成就要在這一點四萬根線上穿梭，從確立絲線的經緯線到最後織造完成，整個過程如同給電腦程式設計一樣複雜而艱苦。

　　南京雲錦，技藝精絕，文化藝術含義博大精深。皇帝御用龍袍上的正座團龍、行龍、降龍形態，代表「天子」、「帝王」神化權力的象徵性。

　　與此相配的「日、月、星辰、山、龍、華蟲、宗彝、藻、火、粉米、黼、黻」的章紋，均有「普天之下，莫非皇土，統領四方，至高無上」的皇權的象徵性。

　　祥禽、瑞獸、如意雲霞的仿真寫實和寫意相結合的紋飾，以及紋樣的象形、諧音、喻義、假借等文化藝術造型的吉祥寓意紋樣、組合圖案等也無一例外。

　　這些紋樣圖案，表達了中國吉祥文化的核心主題的設計思想，這就是「權、福、祿、壽、喜、財」要素，表達了人們祈求幸福與熱情嚮往。

　　南京雲錦圖案的配色，主調鮮明強烈，具有一種莊重、典雅、明快、軒昂的氣勢，這種配色手法與中國宮殿建築的彩繪裝飾藝術是一脈相承的。

　　就「妝花緞」織物的地色而言，淺色是很少應用的。除黃色是特用的底色外，多是用大紅、深藍、寶藍、墨綠等深色作為底色。而主體花紋的配色，也多用紅、藍、綠、紫、古銅、鼻煙、藏駝等深色裝飾。

由於運用了「色暈」和色彩調和的處理手法，使得深色地上的重彩花，獲得了良好的藝術效果，形成了整體配色的莊重、典麗的主調，非常協調於宮廷裡輝煌豪華和莊嚴肅穆的氣氛，並對封建帝王的黃色御服起著對比襯托的效果。

　　雲錦圖案的配色，多是根據紋樣的特定需要，運用浪漫主義的手法進行處理的。如天上的雲，就有白雲、灰雲、烏雲等。

　　在雲錦紋樣設計上，藝人們把雲紋設計為四合雲、如意雲、七巧雲、行雲、勾雲等造型，是根據不同雲勢的特徵，運用形式美的法則，把它理想化、典型化了。這是藝術創造上典型化、理想化所取得的動人效果。

　　雲錦妝花雲紋的配色，大多用紅、藍、綠三種色彩來裝飾，並以淺紅、淺藍、淺綠三色作為外暈，或通以白色作為外暈，以豐富色彩層次的變化，增加其色彩節奏的美感。

　　雲錦妝花織物上雲紋的這種配色，也就是這個道理。它不僅豐富了整個紋樣色彩的變化，而且加以金線絞邊，這就更符合人們對祥雲、瑞氣和神仙境界的想像與描繪。

　　五彩祥雲和金龍組合在一起，表現出「龍」翱翔於九天之上，就更符合於封建帝王的心理，為他們所喜愛。

　　在雲錦圖案的配色中，還大量地使用了金、銀這兩種光澤色。金、銀兩種色，可以與任何色彩相調和。「妝花」織物中的全部花紋是用片金絞邊，部分花紋還用金線、銀線裝飾。

　　金銀在設色對比強烈的雲錦圖案中，不僅起著調和和統一全局色彩的作用，同時還使整個織物增添了輝煌的富麗感，讓人感到更加絢麗悅目。這種金彩交輝、富麗輝煌的色彩裝飾效果，是雲錦特有的藝術特色。

　　雲錦使用的色彩，名目非常豐富。如把明清兩代江寧官辦織局使用的色彩名目，從有關的檔案材料中去發掘，再結合傳世的實物材料去對照鑑別，定可整理出一份名目極為豐富並具有民族傳統特色的雲錦配色色譜來。包括赤橙色系、黃綠色系和青紫色系。

　　屬於赤色和橙色系統的有：大紅、正紅、朱紅、銀紅、水紅、粉紅、美人臉、南紅、桃紅、柿紅、妃紅、印紅、蜜紅、豆灰、珊瑚、紅醬等。

　　屬於黃色和綠色系統的有：正黃、明黃、槐黃、金黃、葵黃、杏黃、鵝黃、沉香、香色、古銅、栗殼、鼻煙、藏駝、廣綠、油綠、芽綠、松綠、果綠、墨綠、秋香等。

　　屬於青色和紫色系統的有：海藍、寶藍、品藍、翠藍、孔雀藍、藏青、蟹青、石青、古月、正月、皎月、湖色、鐵灰、瓦灰、銀灰、鴿灰、葡灰、藕荷、青蓮、紫醬、蘆醬、棗醬、京醬、墨醬等。

　　雲錦圖案常用的圖案格式有：團花、散花、滿花、纏枝、串枝、折枝幾種。

　　團花，就是圓形的團紋，民間機坊的術語叫它為「光」。如四則花紋單位的團花圖案，就叫「四則光」；二則單位的，叫「二則光」。團花圖案，一般是用於衣料的設計上。

設計團花紋樣，是按織料的門幅寬度和團花則數的多少進行布局。則數少，團紋就大；則數多，團紋就小。比如一則團花是直徑四十釐米至四十六釐米，而八則團花則是直徑四點六釐米至六點六釐米，相比之下顯然差很多。

團花紋樣，有帶邊的和不帶邊的兩種。帶邊的團花，要求中心花紋與邊紋有適度的間距，並有粗細的區別，使中心主花突出，達到主賓分明、疏密有致的效果。

散花主要用於庫緞設計上。散花的排列方法有：丁字形連鎖法、推磨式連續法、么二三連續法，也稱么二三皮球、二二連續法、三三連續法等。也有以丁字形排列與推磨法結合運用的。

以上各種布列方法，並沒有刻板的定式，都是設計時根據實際需要靈活地變化運用。

滿花多用於鑲邊用的小花紋的庫錦設計上。滿花花紋的布列方法有：散點法和連綴法兩種。散點法的排列，比散花的排列要緊密。

用連綴法構成的滿花，多用於二色金庫錦和彩花庫錦上，設計時必須掌握托地顯花的效果。

纏枝是雲錦圖案中應用較多的格式。纏枝花圖案在唐代非常流行，最早多用於佛帔幛幡、袈裟金襴上。後來一直被承襲應用，成為中國錦緞圖案常用的表現形式。

雲錦圖案中常用的纏枝花式有：纏枝牡丹和纏枝蓮。婉轉流暢的纏枝，盤繞著敦厚飽滿的主題花朵，纏枝有如月暈，也好似光環。

　　再加以靈巧的枝藤、葉芽和秀美的花苞穿插其間，形成一種韻律、節奏非常優美的圖案效果。整件織品看起來，花清地白、錦空勻齊，具有濃郁的裝飾風格。

　　串枝是雲錦花卉圖案中常用的一種格式。串枝圖案的效果乍看起來與纏枝圖案似無多大區別；但仔細分辨，兩者還是有不同的地方。

　　纏枝，它的主要枝梗必須對主題花的花頭，做環形的纏繞。

　　串枝，它是用主要枝梗把主題花的花頭串聯起來，在單位紋樣中，看不出這種明顯的效果，當單位紋樣循環連續後，枝梗貫串相連的氣勢便明顯地顯示出來。

　　折枝，是一種花紋較為寫實的圖案格式。「折枝」，顧名思義就是折斷的一枝花，上面有花頭、花苞和葉子。在折枝紋樣的安排處理上，要求布局勻稱，穿插自如，折枝花與折枝花之間的枝梗無須相連，應保持彼此間的間斷與空地。

　　單位紋樣循環連續後，富有一種疏密有致、均勻和諧的美感。這種構圖方法，多用於徹幅紋樣或二則大花紋單位的妝花緞設計上，整幅的織成效果非常富有氣派。

　　總之，南京雲錦是歷史悠久，紋樣精美，配色典雅、織造細緻，是紡織品中的集大成者。它不但具有珍稀、昂貴的歷史文物價值，而且是典藏吉祥如意、雅俗共賞的民族文化象徵。

閱讀連結

相傳，古南京城內有一位替財主幹活的老藝人，有一次為財主趕織一塊「松齡鶴壽」的雲錦掛屏。可他一夜才織出五吋半，眼看要交貨的時間到了，老人急得暈倒在織機旁。

就在這時，天空閃出萬道金光，接著浮雲翩翩，兩個姑娘奉雲錦娘娘之命，來到張永家。

她們把張永扶上床，自己就坐到機坑裡面熟練地織起雲錦來。霎時間，織機聲響連連，花紋現錦上。花紋好像仙境一樣，青松蒼鬱、泉水清澈，兩只栩栩如生的仙鶴丹頂血紅，非常耀眼！

▌清代棉紡毛紡工藝

■清代棉紡織品

印紡工業：歷代紡織與印染工藝

錦繡時代 近世時期

　　清代棉紡織手工業有所發展，生產工具也有不少改進。棉紡品中有很多突出的成就，其中的「南京紫花布」在世界上享有盛譽，曾經大量出口海外。

　　清代毛紡織業也很發達，尤其是對西藏的開發，使西藏毛紡工藝提升到了先進水平。西藏盛產羊毛和絨，毛織工藝發達。毛織原料以羊毛為主，江孜的氆氌在清代就馳名中外。

　　清代棉紡織品中，江蘇松江布全國知名，所產精線綾、三梭布、漆紗方巾、剪絨毯，皆為天下第一。無錫之布輕細不如松江，但在結實耐用方面則超過之。河北棉紡織品也有名氣，甚至可以與松江布匹敵。

　　隨著手工棉紡技術的發展，清代後期「松江大布」，「南京紫花布」等名噪一時，成為棉布中的精品，而後者尤其著名。

　　紫花布是南京的特產，用紫木棉織成。紫木棉是一種天然彩色棉花，花為紫色，纖維細長而柔軟，由農民織成的家機布，未經加工多微帶黃色，特別經久耐用，其紡織品被稱作「紫花布」。

　　這種天然有色的紫花布顏色質樸，在歷史上深受手工紡織者歡迎和大眾的喜歡。

　　南京紫花布是中國本土的手工織機布。

　　根據《南京商貿史話》等資料的記載，早在宋元時期，棉花的種植傳入長江下游地區。南京孝陵衛以及江浦烏江一帶開始大規模種植棉花，手工紡紗織布成為農家副業。

至清代嘉慶年間，南京的棉紡織業開始興起，中華門內以及孝陵衛一帶的織戶紛紛開機織布。織工織出的棉布勻稱、結實、耐用，受到用戶喜愛。

　　據記載，當時的南京布為公司布和窄布兩種，之所以以南京命名，是因為這兩種布的主要產地就是南京。

　　兩種布相比較，公司布質地較佳，多行銷外地甚至外國。窄布則多為南京本地農戶使用。後來，當蘇南等地的土布興起後，也打起了「南京布」的旗號。

　　從資料裡可以看出，西元一八四〇年第一次鴉片戰爭之前，世界範圍內，英國的紡織工業相當落後，美國的紡織工業甚至還沒有建立起來。

　　南京布在質地、花色等各個方面都超過了歐洲生產的布匹，而且價格低廉，因此，南京布被大量出口，成為歐美貴族追逐的時尚物品，而我們南京也成為中國輸出棉紡織品的最主要生產基地。

　　《南京商貿史話》記載著這樣的數據：西元一八二〇年之前，英國東印度公司每年運到英國的南京布多達二十萬匹以上。英國客商在西元一八一七年至一八二七年間，每年運出的南京布保持在四十萬匹至六十萬匹左右。

　　美國更是消費南京布的大買家，有資料顯示，西元一八〇九年一年，美國就從中國運回南京布三百七十萬匹；西元一八一九年一年又運走三百一十三萬匹。美國人購回大量的南京布，一部分在美國國內銷售，一部分轉運到南美洲、澳洲銷售。

據英國西元一八八三年出版的《中國博覽》記載：

中國造的南京土布，在顏色和質地方面，仍然保持其超越英國布匹的優越地位。

其實，南京布的色彩並不花哨，除了不漂不染的「本白」，還有老藍、土黃等單色，既不紫，更無花，但奇怪的是，西洋人就是喜歡南京布，還稱之為「紫花布」。當時還有人稱南京布為「格子布」。

歐洲人相當看重南京布厚實耐用的優點，當年南京布中有一個被稱作「蘿蔔皮」的品種，其厚度甚至超過如今的帆布，但是手感卻十分綿軟，尤其是下過幾次水之後，柔軟溫暖得如同絨布，而牢固程度遠遠超過「洋布」。

《中國博覽》有這樣的記載：在英國「人人以穿著『南京布』為榮，似乎沒有這種中國棉布裁製的服裝，就不配稱為紳士，難以登大雅之堂。」南京布成為歐洲尤其是英國的貴族、紳士追逐的時尚。狄更斯、福樓拜、大仲馬這些世界級大文豪也很熟悉南京布，在他們的作品中，常常出現的詞語「nankeenbosom」，指的就是「南京布」。

在狄更斯的名著《匹克威克外傳》中，「南京布」出現的頻率很多，翻譯者如此註釋：「十八世紀至十九世紀，南京布在英法等西歐國家上流社會特風行，是貴婦們追逐的時尚面料」。

而在《大衛科波菲爾》、《基督山伯爵》、《包法利夫人》等名著中，也有南京布的身影。

福樓拜的《包法利夫人》寫道，包法利夫人穿著紫花布長袍，也就是用「南京布」做的長袍，讓年輕男子見了為之痴狂。而大仲馬的《基督山伯爵》中，基度山伯爵穿著高領藍色上裝，紫花布褲子，用的也是「南京布」。

清代的紡織工具也隨著紡織業的發展而發展。棉紡織有紮花、紡紗、織布三個主要工序。扎花即除去棉籽，黃道婆做成攪車，將棉籽擠出。清代改稱「扎車」。

清代扎車用三腳架，高三尺，有徑三吋和一點五吋滾軸一對，水平放置：大軸木製，用手搖，外旋。小軸鐵製，用腳踏，內旋。

利用兩軸摩擦力，轉速和旋向不同，將棉與籽分開，籽落於內，棉出於外。這種扎車一人操作「日可扎百十斤，得淨花三之一」，尤以太倉式扎車出名，一人可當四人。

軋去棉籽的棉花，古代稱為「淨棉」，現代稱為「皮棉」或「原棉」。淨棉在用於手工紡紗或做絮棉之前，需經過彈松，稱為「彈棉」。清代，彈棉者把小竹竿系於背上，使彈弓跟隨彈花者移動，操作較方便。

松江地區在乾隆年間所用彈花弓，長五尺餘，弦粗如五股線，以槌擊弦，將棉花彈鬆，散若雪，輕如煙，比之明代所用四尺多的竹弓蠟絲弦，彈力更大，從而提高了彈棉效率。

明清時期，農家小戶還多是手搖單錠小紡車，棉紡發達地區單人紡車仍以「三錠為常」，只有技藝高超者可為四錠，而當時歐洲紡紗工人最多只能紡兩根紗。

印紡工業：歷代紡織與印染工藝

錦繡時代 近世時期

清代末期，在拈麻用「大紡車」的基礎上，創製出多錠紡紗車。三人同操一臺四十錠雙面紡紗車，日產紗十餘公斤，成為中國手工機器紡紗技術的最高峰。

多錠紡紗車的紡紗方法是模擬手工紡紗，先將一引紗頭端黏貼棉卷邊，引紗尾部透過加拈鉤而繞於紗盤上，繩輪帶動杯裝棉捲旋轉，引紗則向上拉，依靠引紗本身的張力和拈度，引紗頭端在摩擦力作用下，把棉卷纖維徐徐引出，並加上拈回而成紗。

清代毛紡也較發達，西元一八七八年，清朝廷在蘭州建立了蘭州機器織呢局，這是中國最早的一家機器毛紡織廠。清代毛紡工藝相對較為發達的地區是西藏。

清代的西藏，隨著畜牧業和農業的發展，這裡的手工業生產有了長足的進步。在清代西藏手工業中，最為發達、最為普及的手工業是毛紡織業，它掌握在西藏地方官府手中。

西藏地方官府從西藏北方的草原以賦稅形式獲得大量羊毛後，便將羊毛分配給西藏中部地區的居民，讓這些居民無償為官府紡織，以代替其應支的其他差役。

毛紡織品製成後，西藏地方官府將這些產品加以出售，從而獲得巨額利潤。就是這樣，西藏官府掌握了毛紡織業這一西藏最重要的手工業。

當時，西藏牧民在他們放牧的空閒時間裡，紡織了大量的毛料。

據有關史料記載，西藏東部居民紡織的毛料在當時要普遍比西藏西部居民紡織的毛料勝過一籌，且顏色豐富，多有綠、紅、藍和黃色條紋或飾有小的「十」字紋。

清代西藏質量最好的毛紡織品是產於江孜的氆氌。氆氌是加工藏裝、藏靴、金花帽的主要材料。傳統品種有加翠氆氌、毛花氆氌、棉紗氆氌等。

氆氌為藏族人民以手工製作，細密平整，質軟光滑，作為衣料或裝飾的優質毛紡織品，是以羊毛為原料，經紡紗、染色、織造、整理等工序製成。

清代織氆氌用的是木梭織機，織好以後是白色的，寬二十四釐米左右，可以做男式服裝。但一般都要染成黑色，也有染成紅、綠等色彩。因氆氌是羊毛織品，結實耐用，保暖性好，所以深受廣大群眾喜愛。

毛線用茜草、大黃、蕎麥和核桃皮等做染料，可染成赭紅、黃、綠等顏色。

由於清代西藏的毛紡織品生產極為普遍，所以不僅能夠滿足西藏地區本身的大量需求，而且能在一定程度上向外出口。在清代，西藏的毛紡織品遠銷不丹、印度、尼泊爾等國，享有盛譽。

閱讀連結

清代，西藏毛紡技術和工藝享譽海內外，毛紡織物受到世界許多國家的人們的歡迎。當時有一個英國發明家叫塞繆

爾·特納，他在《出使西藏扎什倫布寺記》一書中，記載了他親身經歷的這樣一件事：

在塞繆爾·特納進入中國西藏的途中，他的一個不丹嚮導穿有一件西藏毛料做的衣服。該嚮導對此沾沾自喜，並告訴特納說：「西藏的毛料能夠穿的時間，是不丹毛料的三倍！」

在塞繆爾·特納所記載的這件事，充分反映了清代中國西藏毛紡織品質量的優異。

▋明清時期的蘇繡

蘇州刺繡的發源地在蘇州吳縣一帶，這是狹義的蘇繡，而廣義的蘇繡是以蘇州為集散中心，遍及江蘇全境的一種著名手工藝品。明清時期，蘇繡與湘繡、粵繡、蜀繡合稱為「中國四大名繡」。

明代時，江蘇已成為全國的絲織手工業中心，與此同時，繪畫藝術方面的發展也推動了蘇繡的發展。清代是蘇繡的全盛時期，真可謂流派競秀，名手輩出。皇室享用的大量紡織品，幾乎全出於藝人之手。

■蘇州刺繡龍袍

蘇繡歷史悠久，據西漢劉向《說苑》記載，早在兩千多年前的春秋時期，吳國已將刺繡用於服飾。三國時期，吳王孫權曾命趙達丞相之妹手繡《列國圖》。

《清祕藏》敘述蘇繡「宋人之繡，針線細密，用線一二絲，用針如髮細者為之。設色精妙，光彩射目。」可見在宋代蘇繡藝術已具有相當高的水平。

據有關史料記載，自宋代以後，蘇州刺繡之技十分興盛，工藝也日臻成熟。

蘇繡用於裝飾室內，饋贈親友，同時也是收藏精品和外貿工藝品。

蘇繡在分類上主要有：人物肖像類、山水風景類、動物類、各種花卉類、油畫靜物及其他分類。

蘇繡在品質上主要分為：精品刺繡，包括人物肖像及高檔風景刺繡；中檔刺繡，主要是以亂針繡為主的精品人物類和風景類；還有普通刺繡及低檔刺繡。

蘇繡具有圖案秀麗、構思巧妙、繡工細緻、針法活潑、色彩清雅的獨特風格，地方特色濃郁。蘇繡以其逼真的藝術效果名滿天下，其繡技具有「平、齊、和、光、順、勻」的特點。

「平」指繡面平展；「齊」指圖案邊緣齊整；「細」指用針細巧，繡線精細；「密」指線條排列緊湊，不露針跡；「和」指設色適宜；「光」指光彩奪目，色澤鮮明；「順」指絲理圓轉自如；「勻」指線條精細均勻，疏密一致。

明代，蘇州的絲織業日趨發達，蘇州城東成為蘇州絲織業的中心。與此同時，刺繡也隨之興起，家家養蠶，戶戶刺繡。豪門貴族的小姐做女紅，以此消磨時光，陶冶性情。這時蘇繡已經形成了獨特的風格。

這說明，經過兩千多年歷史的發展，蘇繡的技藝至明代便進入了成熟時期，形成了自己的風格。精細雅緻的蘇繡深得人們的喜愛。

明代洪武年間，朝廷復建織造局於蘇州天心橋東。永樂年間，始派京官來蘇州督造，設製造府，總管蘇繡宮貨的採辦。有設製造館，集中若干機戶、繡工進行專業生產。

明代嘉靖年間上海「露香園顧繡」的出現，對蘇繡風格的形成有舉足輕重的影響。

顧繡代表人物韓希孟，是「露香園」主人顧名世的孫媳，她的藝術特點，在於利用繪畫為基礎，盡力發揮刺繡針法與調和色彩的表現能力，使繡品效果達到淋漓盡致、相得益彰。

明代蘇繡在吸取韓希孟的長處後，無論在原料、針法、繡工上，與當時的魯繡、東北的緝線繡、北京的灑線繡截然不同，形成了圖案秀麗、色彩文雅、針法活潑多變、繡工精細的特有風格，稱譽全國。可以說，明代刺繡中最著名的是顧繡。

清代宮廷內的簾、墊、罩、衣之類，無不用繡。

據清代貴族德齡郡主所寫的《回憶錄》說，慈禧太后用大量的刺繡品來裝飾和打扮自己。皇宮中專門有一處地方供刺繡宮女居住，形成一個規模很大的絲繡工場。宮女們從養蠶繅絲開始，到染線、設計繪作，一應俱全。

年齡大而有經驗的宮女才專門設計、繪畫，幾乎每天都能設計出一兩套，交繡作的宮女繡製。完成後就送到慈禧太后以備使用。數量之多，使太后來不及一一穿用。

民間更是豐富多彩，廣泛用於服飾、戲衣、被面、枕袋帳幔、靠墊、鞋面、香包、扇袋等方面。

這些蘇繡生活用品不僅針法多樣、繡工精細、配色秀雅，而且圖案花紋含有喜慶、長壽、吉祥之意，深受群眾喜愛。

蘇繡在清代已成為蘇州地區分佈很廣的家庭手工業，從事鳳冠、霞帔、補子、官服、被面、枕套、鞋面、手帕、扇袋、掛件、荷包、帳幃、椅披、戲劇行頭等各種各樣繡品的製作。

為營銷繡品，各種繡莊應運而生，甚至出現了有關刺繡的專業坊巷，如「繡線巷」、「繡花弄」等，蘇州被稱為「繡市」。蘇州地區還出現了雙面繡，代表著蘇繡有了高度的藝術技巧。

在當時，皇室的日用繡品或藝術繡品，多出自蘇繡藝人之手。在民間，如蔡群秀、沈英、沈立、朱心柏、徐志勤、錢蕙、林抒、趙慧君、沈關關、楊和、金采蘭、江繆貞、潘志玉、張元芷、郭桐先等一大批蘇繡藝人脫穎而出，成為當時的著名繡家。

最傑出的則首推清末蘇繡藝術家沈壽，她吸收了西洋畫中的明暗原理，十分注重物象的逼真，首創了「仿真繡」，對蘇繡技藝的改進、發展、推廣、傳播，造成了積極的作用，在中國刺繡史上具有劃時代的意義。

總之，明清兩代蘇繡工藝發達，承繼宋代優良基礎的刺繡，順應時代熱烈風氣，繼續蓬勃昌盛，而且更上層樓。

閱讀連結

清代光緒年間，蘇州繡壇的沈雲芝，融西畫肖神仿真的特點於刺繡之中，新創了「仿真繡」。曾在慈禧七十歲壽辰時繡了佛像等八幅作品祝壽，慈禧倍加讚賞，書寫「壽」、「福」兩字賜之。從此沈雲芝改名「沈壽」。

沈壽的作品《義大利皇后愛麗娜像》，曾作為國家禮品贈送給義大利，轟動了意國朝野；《耶穌像》一九一五年在美國舉辦的「巴拿馬 - 太平洋國際博覽會」上獲一等大獎，售價高達一點三萬美元。

沈壽的「仿真繡」享譽中外，開創了蘇繡嶄新的一頁。

明清時期的湘繡

湘繡是以湖南長沙為中心的有鮮明湘楚文化特色的刺繡的總稱，是勤勞智慧的湖南人民在人類文明史的發展過程中，創造的一種具有湘楚地域特色的民間工藝。

明清時期，湘繡與蘇繡、粵繡、蜀繡並稱為「中國四大名繡」。

明清時期，隨著藝術的發展，湘繡還吸收了中國古老文化中繪畫、詩詞、書法、金石等多種藝術的精華，其技藝和生產都獲得了前所未有的活力，達到了空前的繁榮。

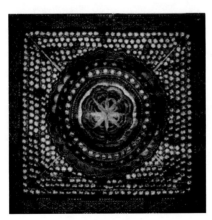

■湘繡精美飾品

湘繡的發源地是長沙。長沙自古為文化名城，也是中南地區重鎮。

長沙地處湘江尾閭，奔騰的的湘江縱貫其間，西倚岳麓山，東北則是濟陽河沖積平原，境內江湖密織，山岳連綿，

印紡工業：歷代紡織與印染工藝

錦繡時代 近世時期

山川形勝，四通八達，地理位置可謂得天獨厚，歷來為蘊秀滋華之地。

湘繡藝術起源於湖南民間刺繡，歷史悠久，源遠流長。從一九五八年長沙戰國楚墓中出土的繡品看，早在兩千五百多年前的春秋時期，湖南地方刺繡就已有一定的發展。

一九七二年又在長沙馬王堆西漢古墓中出土了四十件刺繡衣物，說明遠在兩千一百多年前的西漢時期，湖南地方刺繡已發展到了較高的水平。

從長沙戰國楚墓和馬王堆西漢古墓出土的大量繡品中，可以窺見當時湖南地方刺繡技藝已經達到令人驚訝的高度。在此後漫長的發展過程中，湖南刺繡藝術逐漸培養了質樸而優美的藝術風格。

湘繡作品是室內裝點的高貴飾品，是饋贈賓朋的高檔禮物，是個人收藏的高尚選擇，同時也是外貿工藝品。

湘繡品種分類，有按針法類別分類、按工藝分類、按產品形式分類幾種形式。

湘繡的針法類別有單面繡和雙面繡。單面繡是只呈現一張繡面，繡工用精湛的針法，令人眼花繚亂的兩百多種顏色的絲線，再輔以稿工的嘔血力作才繡出完美的繡片。

繡片經過平燙後，讓絲線的光澤和色彩融合到一起，工匠用畫框裝裱起來，正面是用玻璃鑲好，背面用防潮的且堅固的紙板卡好，以便存放或收藏。

雙面繡即正反兩面都是相同的繡面，上面絕對找不出半點瑕疵，哪怕是一個不起眼的線頭，這是「中國四大名繡」中絕無僅有的高超繡法。它不但繡工精湛，而且有些框架也絕對稱得上是一件木雕精品，它採用原木雕刻再上朱漆。充分展現湘繡的高雅與別緻的韻味。

　　湘繡中的極品和精品，用的絲線以及繡工都是高級別的，比普通的湘繡製品更加細緻。繡製一幅精品耗時比較長，其中融入了繡工的很多體力與時間。

　　根據絲線繡的疏密程度、絲線顏色是否亮麗、緞面是否光滑亮澤，可以看出繡品的等級，同一種圖案繡工不同，質量也就不同，價格也隨之而異。

　　湘繡按產品形式，主要品種有條屏、畫片、被面、枕套、床罩、靠墊、桌布、手帕及各種繡衣。屏風分為小型屏風、掛屏和座屏。

　　湘繡以獨特的針法繡出的繡虎、繡獅等動物毛絲根根剛健直豎，眼球有神，幾可亂真。其特點是色彩鮮豔，形象逼真，構圖章法嚴謹，畫面質感強。

　　湘繡的特點是絲細如發，被稱為「羊毛細繡」；在配色上善於運用深淺灰及黑白色，增強質感和立體感；結構上虛實結合，善於利用空白，突出主題；構圖嚴謹，色彩鮮明，各種針法富於表現力。

　　明清時期，隨著湘繡商品生產的發展，經過廣大刺繡藝人的辛勤創造和一些優秀畫家參與湘繡技藝的改革提高，把中國畫的許多優良傳統移植到繡品上，巧妙地將中國傳統的

繪畫、刺繡、詩詞、書法、金石各種藝術融為一體。從而形成了湘繡以中國畫為基礎，運用七十多種針法和一百多種顏色的繡線，充分發揮針法的表現力，精細入微地刻畫物象外形內質的特點。

明代，商品經濟的發展促進了民間手工業的發展。商業性作坊的專業化生產，加上唐宋期間文人藝人的結合，對刺繡工藝品產生了巨大的影響，刺繡技術和生產獲得了前所未有的活力，達到了空前的繁榮，進入了中國傳統刺繡的巔峰時期。

明代湘繡工藝在用途方面，廣泛流行於社會各階層，製作無所不有，與後來的清代，成為中國歷史上刺繡流行風氣最盛的時期。一般實用繡作，品質普遍提高，材料改進精良，技巧嫻熟洗練。

明代刺繡已成為一種極具表現力的藝術品，其中的湘繡工藝在承襲宋繡優秀傳統的同時，能夠推陳出新，有新發明。

用線主要仍多數用平線，有時也用捻線，絲細如髮，針腳平整，而所用色線種類之多，則非宋繡所能比擬。同時又使用中間色線，借色與補色，繡繪並用，力求逼真原稿，極盡巧妙精微的湘繡技術。

清代初中時期，國家繁榮，百姓生活安定，刺繡工藝得到了進一步的發展和提高，所繡物像變化較大，富於很高的寫實性和裝飾效果。

同時，由於清代刺繡用色和諧和喜用金針及墊繡技法，故使繡品紋飾具有題材廣泛、造型生動、形象傳神、獨具異彩、秀麗典雅、沉穩莊重的藝術效果。

折射出設計者及使用者的巧思和品味，體現了清代刺繡所具有的豐富內涵和藝術價值。

湘繡吸取了蘇繡、粵繡、京繡等繡系的優點，發展成為刺繡藝苑的後起之秀。清代湘繡早期以繡製日用裝飾品為主，以後逐漸增加繪畫性題材的作品。

清代嘉慶年間，優秀繡工胡蓮仙的兒子吳漢臣，在長沙開設第一家自繡自銷的「吳彩霞繡坊」，作品精良，流傳各地，湘繡從而聞名全國。代表著湘繡正式走向商品化的道路。

清光緒年間，寧鄉畫家楊世焯倡導湖南民間刺繡，長期深入繡坊，繪製繡稿，還創造了多種針法，提高了湘繡藝術水平。

至光緒末年，湖南的民間刺繡已經發展成為一種獨特的刺繡工藝系統，成為一種具有獨立風格和濃厚地方色彩的手工藝商品走進市場。這時，「湘繡」這樣一個專門稱謂才應運而生。

此後，湘繡在技藝上不斷提高，並成為蜚聲中外的刺繡名品，遠銷海內外。

清代湘繡的特點是用絲絨線繡花，劈絲細緻，繡件絨面花型具有真實感。常以中國畫為藍本，色彩豐富鮮豔，十分強調顏色的陰陽濃淡，形態生動逼真，風格豪放，曾有「繡花能生香，繡鳥能聽聲，繡虎能奔跑，繡人能傳神」的美譽。

以特殊的鬇毛針繡出的獅、虎等動物，毛絲有力、威武雄健。

總之，湘繡作為中國四大名繡之一，吸取了中國傳統刺繡藝術的精華，在明清時期形成了自己獨特的風格，無愧於「遠觀氣勢宏偉，近看出神入化」的藝術效果。

閱讀連結

清代末期藝術家楊世焯珍愛民間藝術。他中年後研究刺繡，積極扶持刺繡藝術的發展。他曾在他的家鄉廣收門徒，開館傳授繡藝，培養了大批的刺繡能手。

西元一八九八年，楊世焯帶領一批寧鄉繡工離開家鄉，先後在寧鄉縣城及善化縣榮灣市和長沙市貢院東街的楊氏試館開設繡莊，推銷繡品。

一九〇四年，年逾六旬的楊世焯在長沙市雞公坡五聖祠開設了「春紅簃湘繡莊」，專門繡製供士大夫階層欣賞的各種字畫屏聯，從來不製作小日用品和椅披堂彩之類的生活用物。

明清時期的粵繡

■粵繡梅鳳圖

粵繡是指以廣東廣州為中心生產的手工絲線刺繡的總稱，它包括以廣州為代表的「廣繡」和以潮州為代表的「潮繡」兩大流派。粵繡凝聚著歷代嶺南藝人的天才與智慧，從藝術風格到創作思維都充滿了嶺南特色。

明清時期，粵繡與蘇繡、湘繡、蜀繡合稱為「中國四大名繡」。

明清時期，粵繡進入新的發展時期。當時的廣州和潮汕，家家戶戶都會紡織刺繡。從婚嫁、祭祀、戲裝，至枕巾、荷包，粵人用針線織造出了他們對生活的熱情和深藏於心的真摯情感。

粵繡歷史悠久，始於一千餘年前的唐代。

印紡工業：歷代紡織與印染工藝

錦繡時代 近世時期

在唐代至五代十國期間，由於廣州屬於邊疆地區未受到戰亂的影響，刺繡與農業、手工業一樣得到長足的發展。

關於粵繡有一段真實的故事。據唐代蘇鄂在《杜陽雜記》記載，唐代一個叫盧媚娘的十四歲的廣東姑娘，纖巧無比，能在一幅一尺見方的絲絹上繡出七卷佛經《法華經》，字體比粟米還小，而且點畫分明。

她又繡製了五彩絲縷結成的三米多長的傘蓋「飛仙蓋」，上面繡有山水、神仙、童子等不下千人。唐順宗李誦曾嘉獎其工，並把盧媚娘稱為「神姑」。

這個故事說明粵繡的歷史是多麼的悠久綿長，技藝是多麼的卓越超群。

粵繡按刺繡技藝分，有絲線繡、金銀線繡、雙面繡、墊繡等；按欣賞品分，有條屏、座屏、屏風等。

按日用品分其品種很多，主要有服裝、鞋、帽、頭巾、被面、枕套、靠墊、披巾、門簾、臺布、床罩等。此外還有用於宗教的繡品，大多為袍、服及寺廟內的裝飾品。

粵繡具有獨特的工藝，它構針法多樣、善於變化，圖案工整、富於誇張，題材廣泛、繁而不亂。

粵繡用線多樣化，除絲線、絨線外，也用孔雀毛績做線，或用馬尾纏絨做線。針法十分豐富，把針線起落、用力輕重、絲理走向、排列疏密、絲結捲曲形態等因素都用來強化圖像的表現力。

粵繡主要針法有直扭針、捆咬針、續插針、輔助針、編繡、繞繡、變體繡等七大類二十八種。另有金銀線繡針法，如平繡、織錦、編繡、繞繡、凸繡、貼花繡等六類十二種。

繡製時，根據設計意圖及物像形狀、質感和神態，巧妙地將各種針法互相配合和轉換，以求達到良好的藝術效果。

釘金繡是粵繡的傳統技法，又稱「金銀線繡」，針法複雜、繁多。它是頗具特色的粵繡工藝。

粵繡運用「水路」的獨特技法，使繡出的圖案層次分明，和諧統一。「水路」即在每一相鄰近的刺繡面積之間，在起針和落針點之間留出約零點五毫米的等距離，從而在繡面形成空白的線條。

例如，在花卉的每朵花瓣、鳥禽的鳥羽之間，都留有一條清晰而均齊的「水路」，使形象更加醒目。

粵繡的題材也比較廣泛，有三陽開泰、孔雀開屏、百鳥朝鳳、杏林春燕、松鶴猿鹿、公雞牡丹、金獅銀兔、龍飛鳳舞、佛手瓜果等民間喜愛的題材，構圖繁密，色彩濃重。鳥、龍、鳳、古器則是最具傳統特色的題材。

明代正德年間，粵繡經由歐洲商舶出口到葡萄牙、英國、法國等，成為朝廷和皇室、貴族們寵愛的服飾品。

明代粵繡還以國外進口的孔雀尾羽織成絲縷，繡製成服裝和日用品等，金翠奪目，富麗華貴。

印紡工業：歷代紡織與印染工藝

錦繡時代 近世時期

據中國營造學社創始人朱啟鈐的《存素堂絲繡錄》記載，清代宮廷曾收藏有明代粵繡古器等八幅，被稱為「博古圍屏」。

上面繡製古鼎、玉器等九十五件，件件鋪針細於毫髮，下針中規中矩，有的以馬尾纏作勒線勾勒輪廓，圖案工整，針眼掩藏，天衣無縫，充分顯示了明代粵繡的高超技藝。

清初的對外貿易，促進了粵繡的發展，使粵繡名揚國外。清朝朝廷經廣州海關出口的粵繡，高峰的一年出口價值曾經達到五十兩白銀。

清代粵繡主要出口商品為衣料、被面、枕套、掛屏、屏心及小件扇套、褡褳、團扇、鞋帽、荷包等。

為了鼓勵對外貿易，清朝朝廷於西元一七九三年在廣州成立了刺繡行會「錦繡行」和專營刺繡出口的洋行，對於繡品的工時、用料、圖案、色彩、規格、繡工價格等，都有具體的規定。

清乾隆年間，廣東潮州也成為粵繡的主要產地，有繡莊二十多家，繡品透過汕頭出口泰國、新加坡和馬來西亞等國。

清光緒年間，廣東工藝局在廣州舉辦繽華藝術學校，專設刺繡科，致力於提高刺繡技藝，培養人才。

自清代中期，粵繡分為絨繡、線繡、釘金繡、金絨繡等四種類型，其中尤以加襯浮墊的釘金繡最著名。釘金繡以潮州最有名，絨繡以廣州最有名。

潮繡以金碧、粗獷、雄渾的墊凸浮雕效果的「釘金繡」為特色，在其他繡種中標新立異。

潮州釘金繡是在繡面上，按照形象中需要隆起的部分，用較粗的絲線或棉線一層層地疊繡至一定的高度，並做到外表勻滑、整齊，然後在其上施繡。或以棉絮做墊底，在面層以絲線滿鋪繡製，然後在面層上施繡。或以棉絮做墊底，覆蓋以絲綢，並將絲綢周圍釘牢，然後在上面施繡。

潮州刺繡「九龍屏風」，畫面上為九條動態不同的蛟龍騰空飛舞，又以旭日、海水、祥雲相連，組成九龍鬧海，旭日東昇，霞光萬道的壯麗場面。繡品採用了金銀線墊繡的技法，龍頭、龍身下鋪墊棉絮，高出繡面兩三釐米，充分表現了蛟龍豐滿的肌肉、善舞的軀體及閃閃發光的鱗片，富於質感和立體感。

釘金繡題材有人物、龍鳳、博古、動物、花卉等，以飽滿、勻稱的構圖和熱烈喜慶的色彩，氣氛鮮明、生動地表現題材，使潮繡產生了豐富瑰麗的藝術效果。

廣州絨繡稱為「廣繡」，是產於廣東地區的手工刺繡。據傳創始於少數民族，明代中後期形成特色。

廣繡的特色是：一是用線多樣，除絲線、絨線外，也用孔雀毛捻摟作為線，或用馬尾纏絨作為線；二是用色明快，對比強烈，講求華麗效果；三是多用金線作為刺繡花紋的輪廓線；四是裝飾花紋繁縟豐滿，熱鬧歡快。常用百鳥朝鳳、海產魚蝦、佛手瓜果一類有地方特色的題材；五是繡工多為男工所任。

廣州絨繡的品種十分豐富，有被面、枕套、床楣、披巾、頭巾、臺帷、繡服、鞋帽、戲衣等，也有鏡屏，掛幛、條幅等。

自清代以來，粵繡藝術被廣泛應用於日常生活實用裝飾品上。清代粵繡工人大多是廣州、潮州人，特別潮州繡工技巧更高。

閱讀連結

據《太平廣記》記載，唐代繡女盧媚娘在一尺絹上繡《法華經》和繡成「飛仙蓋」後，被唐順宗皇帝欣賞，留於宮中。

唐憲宗李純即位後，賜她金鳳環戴於腕上。盧媚娘不願在宮中受到束縛，於是自度為道士，皇帝只好放她歸南海，並賜號「逍遙」。

傳說盧媚娘去世時，滿堂都是香氣。她的弟子準備給她安葬，在抬棺時竟然覺得沒有了重量，弟子趕忙撤其棺蓋，只看到盧媚娘曾經穿過的一雙舊履。

據說後來有人見盧媚娘常常乘紫雲遊於海上。

▌明清時期的蜀繡

蜀繡又稱「川繡」，是以四川成都為中心生產的刺繡品的總稱。蜀繡多產於四川成都、綿陽等地。蜀繡在漢代就已經響滿天下，兩千多年來，它一直受到人們的喜愛。

明清時期，蜀繡與蘇繡、湘繡、粵繡合稱為「中國四大名繡」。

清朝中葉以後，蜀繡逐漸形成了行業，有很多從業工人，當時各縣官府均鼓勵蜀繡生產，這使蜀繡工藝的發展進入了一個新階段，在技術上不斷創新，蜀繡品種也日益增多了起來。

■蜀繡觀音像

　　蜀繡的生產具有悠久的歷史。蜀繡的歷史跟蜀錦一樣，都是萌芽於古蜀時期先人的智慧和創造。據文獻記載，蜀國最早的君王蠶叢已經懂得養殖桑蠶。

　　漢末三國時，蜀錦蜀繡就已經馳名天下，作為珍稀而昂貴的絲織品，蜀國經常用它交換北方的戰馬或其他物資，從而成為主要的財政來源和經濟支柱。

　　晉代常璩在《華陽國志·蜀志》中，則明確提出蜀繡和蜀中其他的物產，包括玉、金、銀、珠、碧、銅、鐵、鉛、錫、錦等，皆可視為「蜀中之寶」，充分說明蜀繡作為地方工藝品的珍稀獨特。

蜀繡以四川省郫縣安靖鎮為發源地，成都為中心向四周擴散。異形、異色、異針「雙面三異繡」，堪稱安靖蜀繡之絕活。

據《元和郡縣誌》記載，在唐代，郫筒酒、安靖刺繡就作為貢品進入宮廷，成為皇帝獎賞功臣的主要物品。唐代末期，南詔進攻成都，掠奪的對象除了金銀、蜀錦、蜀繡，還大量劫掠蜀錦蜀繡工匠，視之為奇珍異物。

至宋代，蜀繡的發展達到鼎盛時期，技術上不斷創新，繡品在工藝、產銷量和精美程度上都獨步天下。

起源於川西民間的蜀繡，由於受地理環境、風俗習慣、文化藝術等各方面的影響，經過長期的不斷發展，逐漸形成了嚴謹細膩、光亮平整、構圖疏朗、渾厚圓潤、色彩明快的獨特風格。

蜀繡傳統針法繡技近一百種，常用的有三十多種，如暈針、切針、拉針、沙針、汕針等。各種針法交錯使用，變化多端，或粗細相間，或虛實結合，陰陽遠近表現無遺。

這些傳統技藝長於刺繡花鳥蟲魚等細膩的工筆，善於表現氣勢磅礴的山水圖景，刻畫人物形象也逼真傳神。

蜀繡繡法靈活，適應力強。一般繡品都採用綢、緞、絹、紗、綢作為面料，並根據繡物的需要，製作程式、配色、用線各不相同。

蜀繡題材多吉慶寓意，具有民間色彩。多為花鳥、走獸、山水、蟲魚、人物、樹木，品種除純欣賞品繡屏以外，還有被面、枕套、衣、鞋、靠墊、桌布、頭巾、手帕、畫屏等。

既有巨幅條屏，又有袖珍小件，是觀賞性與實用性兼備的精美藝術品。

　　明清時期，蜀繡著意宋元名畫題材入繡，點染成文，無不精妙，幾乎成為民間刺繡代表。

　　明代設內廷作坊專門管理各項工藝的製作，這一官方機構除了督造朝廷所需，對刺繡行業的正規確立，對提高其社會經濟地位同樣造成了積極作用。作為工藝製作的一項重要內容，蜀繡也有了長足發展。

　　明代蜀繡的工藝，可以從明代官服上體現出來。事實上，明代官服上的寶瓶、蓮花和如意蝴蝶等民間「八寶」，多為蜀繡工藝，足以代表當時蜀繡的工藝水平。

　　明代秦良玉的錦袍可謂蜀繡極品，堪稱蜀錦和蜀繡完美結合的典範。一件為藍緞並金繡蟒袍，胸背襟袖均並金刺繡蟒紋，彩繡萬福、如意、雲紋、寶相花紋等；一件為黃緞秦良玉平金繡蟒鳳衫，除蟒紋，胸背又繡雙鳳，裙腳彩繡壽山福海，空白間繡彩雲。

　　秦良玉是今重慶忠縣人，是明代著名女將。她是石砫宣撫使馬千乘之妻，善騎射，富有膽識。夫亡後，秦良玉代領其軍，號稱「白桿軍」。

　　她曾經兩度率師北上勤王，抵禦後金有功，封一品夫人，晉爵為忠貞侯。

　　崇禎帝曾親自召見秦良玉，賜一品服，並賦詩四首褒獎。其一寫道：

蜀錦征袍手剪成，桃花馬上請長纓。

世間多少奇男子，誰肯沙場萬里行？

服飾之用黃色在隋唐為皇帝所興，宋元代以後，赤黃、丹黃、淺黃更為朝廷專用。秦良玉因受賜「太子太保誥封一品夫人」，所以可穿黃緞蟒鳳紋袍衫。

女將軍身著蜀錦緞精繡蟒袍馳騁疆場，其俊美英武非男兒可比。

清代初期，蜀繡藝人們吸取了顧繡的長處，以及長針炙繡而後扎針的民間繡法，蜀繡又有了新的發展。由於當時選料、製作認真，成品工堅、料實、價廉，長期行銷於陝西、山西、甘肅、青海等地，頗受歡迎。

清初蜀繡出品多衣裙、被面、枕套、帳幔、鞋帽等實用服飾品。花紋取材，由藝人們根據民間吉慶詞句或流行式樣，自行描繪繡製。也有部分作品兼用蘇繡構圖布局及運針設色方法。模仿繪畫章法構圖的純欣賞品繡畫較少，民間質樸氣息濃厚。

清道光時期，成都是生產蜀繡的中心。成都市內發展有很多繡花舖，既繡又賣。此時的蜀繡以軟緞和彩絲為主要原料。

題材內容有山水、人物、花鳥、蟲魚等。針法經初步整理，有套針、斜滾針、旋流針、參針、棚參針、編織針等。品種有繡被、繡枕、繡衣、繡鞋等日用品和臺屏、掛屏等欣賞品。

在當時，成都的刺繡手工作坊在九龍巷、科甲巷一帶有八九十家。如三皇神會時的刺繡主分三類：穿貨，包括生產禮服、霞披、挽袖及其他實用品；行頭，主要是劇裝；燈彩，包括紅白喜事用的圍屏、彩帳等。

清道光時期，還成立了民間組織的三皇神會，時間是西元一八三〇年。這是一個由鋪主、領工和工人組成的刺繡業的專門行會。

行會建立行規，確定專業分工，維持行業內部生產、銷售等各方的利益，表明蜀繡已從家庭逐漸進入市場，形成廣為社會所需的規模生產。當時的生產品種主要是官服、禮品、日用花衣、邊花、彩帳和條屏等。

清代中後期，蜀繡在當地傳統刺繡技法的基礎上吸取了顧繡和蘇繡的長處，一躍成為全國重要的商品繡之一。蜀繡用針工整、平齊光亮、絲路清晰、不加代筆，花紋邊緣如同刀切一般齊整，色彩鮮麗。

至一九〇四年清朝朝廷在成都成立四川勸工局，對蜀繡行業的生產、銷售進行管理。勸工局內設刺繡科，聘請名家設計繡稿，同時鑽研刺繡技法。

在勸工局時期，蜀繡業更加興盛，當時一批有特色的畫家，如劉子兼的山水、趙鶴琴的花鳥、楊建安的荷花、張致安的蟲魚等入繡。既提高了蜀繡的藝術欣賞性，同時也產生了一批刺繡名家，如張洪興、王草廷、羅文勝、陳文勝等。

　　張洪興等名家繡製的動物四聯屏並獲巴拿馬賽會金獎。張洪興繡製的獅子滾繡球掛屏又獲得清王朝嘉獎，授予五品軍功，為蜀繡贏得很大聲譽。

　　勸工局時的蜀繡題材除以古代名家畫作，如蘇東坡的怪石叢條、鄭板橋的竹石、陳老蓮的人物等為粉本，又請當時名畫家設計繡稿，並繡製流行圖案，既有山水花鳥、博古、龍鳳、瓦文、古錢一類，又有民間傳說。

　　如八仙過海、麻姑獻壽，吹簫引鳳等，也有隱喻喜慶吉祥榮華富貴的喜鵲鬧梅、鴛鴦戲水、金玉滿堂等，十分豐富。

　　四川博物館藏有許多清代蜀繡作品，從中可以窺見清代蜀繡的工藝水平。其中的《戲曲故事屏》，以藍緞為地，由四幅立軸組成，內容為戲曲故事。它所用針法很多，由齊針、纏針、戧針、鎖針、釘線繡、鋪針、錦上織花針等多種組合針法。旗幟、橋樑、竹筏用網繡或錦上織花針，樹葉用齊針，水波比較有特色，用纏針、戧針等。

　　另一件《盤金博古紋椅墊》，椅披墊為紅緞地，用盤金、釘繡繡法將圖案輪廓鑲藍色、紫色邊。椅披圖案為博古、寶瓶、香爐、玉蘭、荷花、葡萄、佛手、金瓜等寓意「福壽綿長」；椅墊圖案為蝙蝠、石磬、芙蓉寓意「吉慶有福」。

　　寶瓶用網繡，石磬用盤金和釘線滾邊，芙蓉用盤金加留水路。針法組合得十分自然。

　　此外，四川博物館還藏有其他蜀繡作品，如白緞地《人物故事蚊帳檐》、蜀繡綠地《人物故事蚊帳檐》、紅緞地《百鳥朝鳳蚊帳檐》、紅緞地《仕女書畫紋枕頂》等。這些作品，

構圖層次分明，色彩典雅，針法細密，具有很強的裝飾性，是蜀繡典型的民間風格。

閱讀連結

在中國古代史上，正式被當朝皇帝冊封為女將軍的，實際上只有秦良玉一位。

西元一六二九年底，清兵繞道喜峰口，攻陷遵化，直抵北京城下。

秦良玉聞訊，火速率「白桿兵」兼程北上，奮勇出擊，在友軍的配合下，收復永平、遵化等四座城池，解除了清兵對北京的威脅。為此，崇禎皇帝大加褒獎，許其穿特製的藍緞平金繡蟒袍。

秦良玉藍緞平金繡蟒袍現藏於重慶博物館，此袍長一點七一米，袖長零點九六米。根據對秦良玉所遺留下來的衣物等遺物測定，其身高約一點八六米。

國家圖書館出版品預行編目（CIP）資料

印紡工業：歷代紡織與印染工藝 / 蒲永平 編著 . -- 第一版 .
-- 臺北市：崧燁文化，2020.04
　　面；　　公分
POD 版

ISBN 978-986-516-120-0(平裝)

1. 纖維工業 2. 紡織業 3. 印染 4. 歷史 5. 中國

478.92　　　　　　　　　　　　108018526

書　　名：印紡工業：歷代紡織與印染工藝

作　　者：蒲永平 編著

發 行 人：黃振庭

出 版 者：崧燁文化事業有限公司

發 行 者：崧燁文化事業有限公司

E - m a i l：sonbookservice@gmail.com

粉 絲 頁：▨　　　　網 址：▨

地　　址：台北市中正區重慶南路一段六十一號八樓 815 室

8F.-815, No.61, Sec. 1, Chongqing S. Rd., Zhongzheng

Dist., Taipei City 100, Taiwan (R.O.C.)

電　　話：(02)2370-3310 傳　真：(02) 2388-1990

總 經 銷：紅螞蟻圖書有限公司

地　　址: 台北市內湖區舊宗路二段 121 巷 19 號

電　　話:02-2795-3656 傳真 :02-2795-4100　　網址：▨

印　　刷：京峯彩色印刷有限公司（京峰數位）

定　　價：250 元

發行日期：2020 年 04 月第一版

◎ 本書以 POD 印製發行

獨家贈品

親愛的讀者歡迎您選購到您喜愛的書,為了感謝您,我們提供了一份禮品,爽讀 app 的電子書無償使用三個月,近萬本書免費提供您享受閱讀的樂趣。

ios 系統　　　　**安卓系統**　　　　**讀者贈品**

請先依照自己的手機型號掃描安裝 APP 註冊,再掃描「讀者贈品」,複製優惠碼至 APP 內兌換

優惠碼（兌換期限 2025/12/30）
READERKUTRA86NWK

爽讀 APP

- 多元書種、萬卷書籍,電子書飽讀服務引領閱讀新浪潮!
- AI 語音助您閱讀,萬本好書任您挑選
- 領取限時優惠碼,三個月沉浸在書海中
- 固定月費無限暢讀,輕鬆打造專屬閱讀時光

不用留下個人資料,只需行動電話認證,不會有任何騷擾或詐騙電話。